圈外編輯®

都築響一

圏外編集者

Faces Publications

前言

我會進入編輯這一行真的是偶然。

我二十歲左右那陣子，剛創刊的《POPEYE》刊出了美國滑板的報導。當時和朋友一起玩滑板的我於是寄了一封明信片過去，大意是說：「那滑板在哪裡買得到呢？」這開啟了我和編輯部的往來。到了暑假，我問：「有沒有什麼好的打工機會？」對方答：「不然來我們這裡打工如何？」我就開始進出編輯部了，過程非常隨興。然後不知不覺間，打工成了我的本業，學校也不怎麼去了。回過神來已成為所謂的自由接案編輯，一做四十年。

這四十年來，我從來不曾「就業」，也沒有領過月薪。說到底，我最早不過是在編輯部趁亂接到撰稿機會的打工小弟罷了。沒有請專業攝影師拍照的預算，於是自費購買相機開始攝影，沒有受過任何訓練。文稿的寫法、採訪的方法、照片的拍法，通通沒學過，只是有樣學樣罷了。因此我不知道自己的工作方法有無獨創性，只確定是自學而來的。

像我這樣的人，當然教不了別人什麼事。我自己也沒向誰學過什麼。

如果期待我透過這本書傳授具體的「編輯術」，只會希望落空。世上有許多「編輯講座」之類的活動，有些人在那裡撈錢，有些人在那裡灑錢，全都是白忙一場，因為編輯沒有「術」可言。

先前接過幾次出書的提案，但很遺憾，我全都回絕了。不是因為我想隱瞞自己的工作訣竅（know-how），只是因為訣竅根本不存在。這次會以此形式出書有兩個原因，一是責任編輯令人詫異的執著打敗了我，連「我聽寫整理也沒關係！」都說出口了；二是我看到現在的雜誌，也就是現在編輯的低劣程度就痛苦得不得了。

我始終以自由接案形式工作，代表自己之外的編輯都不是我的同志，而是我的對手。因此我認識的編輯雖多，裡頭也沒有人稱得上是真正的摯友。

對手垮台也許對自己比較好吧。不過面對以下現實，我高興不起來：現在沒有一本雜誌讓我每週、每月期待它的發售日，讓我等不及想讀它。

如各位所知，出版業已進入寒冬，完全聽不到春天的腳步聲。在這當中，雜誌的種類減少、發行量減少、頁數減少，增加的只有廣告。業界人士把這種狀況歸咎於各種事物：年輕人不讀書害的、手機費太貴害的、以行銷部意見為優先害的、公司利益至上主義害的。就像鐵捲門商店街[1]拿永旺夢樂城[2]當藉口，鎮上二手書店拿Bookoff[3]說嘴那樣。

不過說穿了，問題還是出在編輯身上。米克・傑格（Mick Jagger）[4]在一九六八年唱出「殺死甘迺迪的是你我」，而將近半世紀後，殺死出版的正是它的創造者——我們這些編輯。

「因為時代如此」、「因為景氣如此差」、「因為上司這樣搞」，要放這些話都很簡單。然而，二十二歲的宮武外骨[5]在比現在還嚴苛的時代曾遭判囚禁三年無緩刑，因筆禍共入獄四次、罰款十五次、中止發行／禁止發行十四次，他還是做出了暢銷雜誌。還有人從幾十年前開始每晚站在新宿站西口附近的固定地點，向路人行禮：「請買我的詩集。」甚至有人用色情行業賺來的錢自費出版作品。領高薪的出版人也許會不屑一顧吧，但身為一個人，到底是出賣身體丟臉，還是出賣心靈丟臉呢？

出版這個媒體已經走上末路了嗎？我不認為。走上末路的是出版業界。

這本書無助於「打造大賣的企畫」，也不提供「順利採訪的訣竅」，更不傳授「進入知名出版社的方法」，完全幫不到有這些需求的人。我只是希望，將寶貴人生中一段時期浪費在「大眾傳媒求職活動」的學生們能了解二〇一五年日本

1 經營慘澹，少有店家拉起鐵捲門營業的商店街。本書附註皆為中文版譯註及編按。
2 由日本零售集團永旺集團（AEON Group）主導經營的連鎖大型購物中心，自一九八九年起於日本全國迅速開展業務。
3 日本最大連鎖二手書店。
4 英國搖滾樂團「滾石樂團」（The Rolling Stones）主唱。
5 一八六七年生，日本明治、大正時期記者、編輯、作家、新聞史研究家，以獨立發行報紙雜誌進行政治和權力批判著稱。

的現實：像我這種越拚命就離業界越遙遠的人（二〇一五年此刻，我的專欄連載只有兩個，一個在月刊上，一個在季刊上。就是這麼悽慘），如果去做賭上人生也在所不惜的書，反而只會遭到業界放逐。我也希望向說上司壞話又拿公司經費喝酒的現任編輯指出一條出路。

明年我就六十歲了。如果年輕時就在出版社工作，現在也許有機會擔任要職。但現實是，打電話提採訪邀請還是動不動就被拒絕，訪問年紀比自己的孩子還小的年輕創作者還得用敬語說話，去遠方採訪要為交通費傷腦筋。這樣的生活仍然每天持續著，不僅跟四十年前剛成為編輯時沒兩樣，勞累程度還確實增加中，即使我的體力和收入都不斷減少。

但不要緊。比起每月的薪水入帳，每天的內心悸動才是更重要的。而從事編輯的微薄幸福在於光靠好奇心、體力、為人就能帶來成果，畢業學校、經歷、頭銜、年齡、收入完全無關緊要，很少有工作是這樣的吧。

第 1 章

做一本書要從何開始？

不知道才辦得到

採訪，接著把書做出來。那一開始到底該從哪裡下手呢？……大家都會這樣想吧（笑）。先想出整體架構和概念？寫企畫書給上司或作家？「編輯指南」之類的書大概會那樣寫吧。我沒讀過，所以不知道。

不過我做書從來不會在事前計畫，也幾乎沒寫過企畫書。如果覺得某人某事很有趣，就會開始採訪。做書前決定好書的內容，就像跟團旅行一樣吧，只不過是把事先決定的行程跑完罷了。也許會有成就感，但你得到的東西、感受到的趣味，之後都留不住。

再說，能夠三兩下訂好計畫，就代表你有別人先查好的資訊。既然別人查好的資訊存在，你推出的企畫當然就不會是新穎的。對我而言，上網搜尋時跳出很多資料等於是「輸了」。

再打個比方。假如要去任何人都沒去過的地方，我當然訂不了計畫，也無法預見那裡的狀況。我會不安，也可能會碰上意外。正因如此，我才看得到前所未見的事物，我踏上的才是沒仿效任何人的旅程。

我想看看還沒有被其他人發現的新事物，所以我會試著直接朝它們一頭栽進去。

有手指就能做書

做書重要的不是技術，唯一的關鍵只有「想要做一本書的強烈念頭」。

我在一九九〇年代初期去過德國法蘭克福書展，它是號稱世界上最大規模的書展，世界各地的出版社和經銷商會聚集於此，每年也會舉辦特定主題的展覽。我去的那年蘇聯才剛解體不久，因此主辦單位蒐羅、展示了高壓統治時期祕密流通的地下出版品，也就是所謂的「薩密茲達」（самиздат）。

「地下出版品」之中也有地位高低之分，展場內最好的位置幾乎都被反體制政治雜誌或現代文學禁書占據，而最角落柱子的暗處有個氣質跟周遭截然不同、穿髒兮兮皮夾克的胖俄羅斯人擺出他的自製書，看起來似乎很閒。

他帶來的是許多搖滾樂相關的地下刊物，其中一本的手工感實在很強，看起來很有意思。我問他：「多少錢？」他卻說什麼：「限定五本，所以不賣。」印象中是叫《莫斯科滾石樂團歌迷俱樂部會報》。我心想，限定什麼啊，也太不搖滾了，但事情並沒那麼簡單。

在當年的俄國，別說操作印刷機和電腦了，連用影印機印一張紙似乎都得取得上司許可才行，當然不可能任意發行自費出版品。於是呢，那傢伙就把紙放進手動打字機內，再放複寫紙，再放紙……就這樣疊了幾層，然後開始撰稿。只要手指使勁按，一次最多可以製作個五本，勉強過得去。聽他若無其事地說明，我不知道該怎麼回話才好。

最後我放棄了那本書，改買他願意脫手的展品。後者不過是翻攝打字機原稿

（仍是靠打字機呢）、列印出來、用訂書機訂起來的刊物，當然沒像印刷品那麼好讀，但只要有心還是讀得了。

有一本書自己無論如何都想閱讀，但它根本還不存在於世上。話雖如此，自己也沒有能力或財力去說服別人製作那本書，慾望倒是比任何人都還要強烈。如此強大的意志力化為打字的力道，催生了《莫斯科滾石樂團歌迷俱樂部會報》。當時走在潮流尖端的設計師老愛七嘴八舌地說什麼「蘋果排版軟體的排字功能如何如何」、「果然還是活版印刷好」之類的，但遇到這位從莫斯科背髒兮兮的雜誌到德國來的老兄後，我便鐵了心：寧願嘴巴爛掉也不要說那麼奢侈的玩笑話。

獨力自費出版、做zine拿到書展或Comic Market[1]販售的人當中，八成有一些不擅長與他人溝通吧，就像莫斯科來的皮夾克老兄那樣。我

莫斯科的手工裝訂搖滾雜誌。

1 世界上規模最大的同人誌販售會，目前一年舉辦兩次，會場為東京國際展示場。

至今採訪了許多種人，就經驗而言，做得出屌書的人往往都很樸素、少話、喜歡一個人埋頭苦幹。他們的溝通方式不是靠嘴說明，而是做出東西展示給大家看。

「編輯」基本上是很孤獨的作業，編書、編雜誌都一樣，完全沒差別。雜誌規模越大，參與製作的人數越多，但最終判斷應該還是會交由總編一人去做，雜誌才會產生個性。反過來說，感覺不到總編招牌風格的雜誌都不會有趣。

如今在非都會地區很常看到平假名標題的暖心路線雜誌吧。我覺得它們都很拚，但內容有趣的卻意外地少，全都是「古早味麵包店」或「具有藝術風格又環保的咖啡店」之類的報導（笑）。可能因為是許多人邊商量邊做出來的吧，像成員感情很好的俱樂部那樣。

一個人，意即沒有商量的對象，因此不會動搖妥協。對「無論如何都想去做」的念頭而言，「夥伴」可以是助力，但有時也可能成為障礙。

我也經常陷入迷惘，不知該如何是好。經驗再怎麼豐富的人都不可能免除這種心境。不過這時，我就會想起那位莫斯科老兄。起碼別做出沒臉見他的決定啊，做不得。

白費工夫的編輯會議

我編輯之路的起點，是平凡出版（現今的Magazine House）所發行的雜誌《POPEYE》的兼職打雜人員。

當時（也將近是四十年前的事情了）正逢第一波或第二波滑板風潮，我和大學朋友也在玩滑板。我為了滑板的事寄了明信片到編輯部去，結果那成為我日後進去打工的契機，就這麼單純。我完全不曾把「成為編輯」當作目標。

因此我一開始完全只是一個跑腿小弟。在那年代，稿子完全手寫，連傳真都還沒普及，更別說網路了，因此我負責的工作便是去作者那裡取稿，幫忙倒茶，或寄送印好的雜誌之類的。當時《POPEYE》有許多資訊是從美國雜誌取得的。工作一陣子後，上頭得知我是英語系的，開始託我翻譯雜誌上的文章。翻譯完交給別人寫稿等於是兩次工，於是他們又進一步問：「你要不要自己寫稿？」我一寫就寫到了今天。也就是說，我有一段時期是領時薪，後來只是改成了稿費制，一張稿紙領一定金額。

© マガジンハウス

《POPEYE》創刊號（Magazine House，一九七六年六月號）

《POPEYE》於一九七六年創刊，跟我進大學是同一年。不久後，大學生到二十歲出頭的讀者群和我一樣出了社會，公司希望做一本讀者年齡層再略高一些的雜誌，《BRUTUS》便在《POPEYE》創刊五年後問世了。我受邀過去工作，最後在這兩本雜誌共待了十年。我認為這段時間打下了我身為編輯的所有基礎。入行時真的沒多想什麼，卻碰巧找到與自己如此契合的環境。

《POPEYE》或《BRUTUS》的編輯部都是不開編輯會議的，現在回頭去想才知道那並非常態。尤其是《BRUTUS》的那五年，我記憶中根本沒開過半次會。《POPEYE》應該也沒開過，不過也可能是我不在的時候開的就是了。

不開會要如何編出雜誌呢？首先，腦海中有企畫成形的話，就先查找各種資料。查歸查，那畢竟是沒有網路的時代，所以也做不了多詳細的事前調查，要是覺得大概搞得定就到總編辦公桌前提出報告：「這個似乎很有趣，請讓我寫報導。」

接著總編就會說：「那某月號給你幾十頁篇幅，去採訪吧。」編輯就出去採

© マガジンハウス

《BRUTUS》創刊號（Magazine House，一九八〇年六月號）

訪了。我還在《POPEYE》時，組成大陣仗採訪團隊是理所當然的安排，不過到《BRUTUS》後我已經做慣了，來自各種背景的國外友人也變多了，所以最常採取的做法是：只跟攝影師兩個人行動，或一個人前往採訪地再雇用當地攝影師幫忙，只帶底片回國。接著再去編輯部，或更多時候是直接帶著排版表單和底片回家，一個人寫稿、構成頁面。

由於做事方法如此，大家都要等到雜誌出版才會知道隔壁編輯採訪的主題。只有負責落版（決定收集來的報導在雜誌上的排序）的編審和總編會知道所有雜誌內容。那是獨力發想企畫，自己負責完成雜誌頁面的工作制度，成功的甜頭和失敗的苦頭全部只有一個人嚐。

我發自內心認為，催生無聊雜誌的正是「編輯會議」。不管在哪家出版社，開會（有時也會讓業務部參加，視情況而定）決定企畫都是常態吧。比方說，每個禮拜一在中午前開會，每人提出五個提案，所有人一起討論。

接著大家開始一個一個抹殺彼此的提案，這不有趣，這也不有趣。有提案倖存下來獲得採用，再分配給某人：「這由你負責。」從那時間點開始，負責人的採訪動機就已經是零了，那又不一定是他想做的內容。

「會過的企畫」是什麼？就是內容大家都懂的企畫。要讓大家懂，就得進行所有人都能理解的簡報。簡報當中如果沒有案例就會缺乏說服力，而案例不外乎是這雜誌採訪過、網路或電視上有報導。「看，這麼多人做過。」簡單說，就是用別人已經用過的哏，這根本不可能得到炒冷飯以外的成果。

採訪要訪的不是「你知道很有趣的東西」，而是「好像很有趣的東西」。別人報導過的題材，你可以直接掌握到內容，但沒人報導過的題材就不能「喏」一聲展示給別人看了。不知道能不能順利寫成文章，但感覺似乎很有趣，所以就過去看看。採訪就是這麼一回事，這種工作基本上跟會議格格不入。

說到底，會議也算是一種避險行為。大家一起做決定，就算失敗了也可以把「是大家一起決定的嘛」掛在嘴邊。某種意義上只是一種集體迴避責任的制度。就在會議一個接一個開的過程中，哏的新鮮度也不斷下降。

一路走來都靠自由接案的我認為，專業工作者不該採取「大家一起來」的做法，分攤掉責任是不行的。業務的意見和市場調查都無關緊要，編輯就該全力寫出最好的報導、做出最棒的書送印，業務就該全力推廣、銷售。做不出好書，編輯要負責；任誰來看都覺得好的書如果不賣，業務要負責。我認為這就是專業人該有的覺悟，但我的看法也有過於天真的部分吧。

不過，應該也有很多人會擔心自己的企畫打不中讀者喜好吧。我一開始也會。比方說，在《BRUTUS》創刊的一九八〇年代前半，紐約比現在野得多，但非常有趣。當時，藝術圈原本流行著難以理解的概念藝術，但新繪畫運動從截然不同的源頭冒了出來，蔚為風行。像凱斯・哈林（Keith Haring）、尚・米榭・巴斯奇亞（Jean-Michel Basquiat）等等，全都是在同一個時期浮上檯面的。

我一直都很喜歡當代藝術，但並沒有受過專業的學院訓練，專業知識根本是零。不過跑紐約久了，和那些藝術家也成了朋友，越來越覺得當時的場景很有趣。那剛好是眼光銳利的藝廊開始推凱斯和巴斯奇亞的時期，他們的作品先前只被當作「塗鴉＝亂畫＝違法行為」。

於是我採訪了他們。然後呢，回到東京後為了寫報導，我開始找各種參考資料，讀《美術手帖》和《藝術新潮》，結果到處都沒有刊載相關情報。

於是，我一開始當然會認為自己押錯了，因為專家完全沒提到他們。不過這種狀況實在太常發生，久而久之我突然間就想通了：專家只是沒實際去過那裡，所以不知道罷了。他們有知識但沒有行動力，所以無法知曉該領域正在形成的新潮流。另一方面，我雖然沒有知識，但有行動力……或者說有經費（笑）。而且主管也從來不曾對我說：「去向專家確認文章內容有沒有錯。」現在回想起來，他認同我的部分並不是我對採訪對象的客觀評價，而是我身為採訪者有多享受採訪對象帶給我的樂趣。後來就這樣漸漸地，我不再信任專家說法，轉而相信自己的眼光和感覺。對我來說，這是做雜誌的十年內最好的訓練。

只能像那樣自以為是地獨力作業，所以失敗的話會慘到極點，手忙腳亂地向旁人求援有時也來不及了。完全不想回顧的失敗多得很，不過呢，哎，兩個禮拜後下一期就要出了（當年《POPEYE》和《BRUTUS》都是雙週刊），只能告訴

「New York Style Manual」特集（《BRUTUS》Magazine House，一九八二年九月十五日號）

自己：失敗就靠下一期扳回一城吧，沒別的辦法了。然後硬撐下去。

前面提到，我沒想太多，順勢就成了編輯。不過在《POPEYE》打工期間，我其實考慮過攻讀研究所，繼續研究美國文學。因此，當我赴美採訪，在當地發現同時代年輕人喜歡的年輕作家時，都會興奮地把他們寫進報告中。可是教授們毫無反應。

也許現在也沒什麼分別吧？當年大學的美國當代文學課堂上，「當代」指的是費茲傑羅和海明威他們。兩人都老早就過世了啊……那種狀況看久了，就會對學院的封閉性，或者說遲鈍性、慢半拍感到極度厭煩。

於是我漸漸地不在乎學校，越來越覺得跑現場有趣。四年級交畢業論文的時期照樣為了《POPEYE》跑到美國去採訪，交不出東西，結果留級一年。隔年校方大概想替我留情面，決定讓我畢業，但對我說：「我們是特別網開一面，所以你別參加畢業典禮。」我到現在都還沒去拿畢業證書。哎，不過我也不想要啦。

並不是每次遇見真正新穎的事物時，心裡都會突然迸出一句「太棒了！」。既然新，你當然沒聽過名字，也沒見過，無法判斷好壞。不過碰到的瞬間內心會騷動。

要斬釘截鐵地說它「好」，當然會很不安。也許只有自己不知道它，也可能完全押錯寶。

即使到了現在，我大部分的報導都還是懷著這種不安做出來的（真的！）。克服這種不安的方法之一，就是「拿花錢當作考慮基準」。

比方說，當我考慮做冷門畫家的特輯時，只要問自己會不會想掏錢買對方的作品就行了，這樣立刻就能判斷自己是「喜歡到願意花錢」或只是「覺得好像還不錯所以想訪看看」。養成習慣不要立刻上網搜尋，而是靠自己的頭腦與內心感受進行判斷，這也許是能培養自己的嗅覺，也最不費工夫的方法吧。

假設我和責任編輯兩個人去某個陌生城鎮採訪，而午餐時間來臨了。如果那個編輯一下子就拿出手機查「Tabelog[2]」，我絕對無法信任他。我們不該遵從他人意見，應該先靠自己挑選、先吃看看再說。也許會吃到萬分糟糕的餐點，也可能會挑到從沒吃過的美味食物。所謂磨練嗅覺、強化味蕾，指的就是這麼一回事。

事前查「Tabelog」決定好要去哪間店，或是先自己挑、先吃看看——總覺得人的工作方式也會隨著這個指標分歧。因為每個領域都有類似「Tabelog」的系統。

美術也好、文學也好、音樂也好，在這些領域如果不試著自己開啟新的一扇門，把他人的評價放一旁，就無法累積經驗。反覆經歷成功與失敗，久而久之你看到覺得好的東西，就能斷言它是好東西了，不管其他人看法如何。「逐漸增加段數，開始我行我素」其實是非常重要的。

因為說到底，比起押錯寶遭恥笑，想做的東西先被做走更令人不甘心、更討厭吧。沒這種想法的編輯還是轉行比較好。

2 食べログ，日本的食記網站。

別看讀者臉色，觀照自己

當時我不過是興奮地想：「好像很有趣！」一面進行採訪罷了。不過現在回想起來，《POPEYE》和《BRUTUS》也許是非常有反抗精神的，挑戰了所謂的「業界」。

比方說，《POPEYE》現在是大家心目中「型錄雜誌」（カタログ雜誌）的濫觴，但當年做雜誌的我們一天到晚放在心上的，是《全球目錄》（*Whole Earth Catalog*）[3]。我們信奉的精神顯示了這點：人週遭的物品極可能反映他的生活方式。就這角度而言，我上頭的主編們尤其受美國反文化的深遠影響，而我們也感受到了。

過去的《POPEYE》經常推出運動特輯，例如網球、滑雪特輯等等，完全不是想介紹新產品，然後從廠商那裡拿廣告刊登費。每個編輯都喜歡運動，因此懷抱著「想將日本的運動從運動會體系中解放出來」的強烈念頭。

當時日本運動文化的基底存在著「苦練」（スポ根）精神，爆汗噴淚那種，彷彿在宣告「不辛苦就不是運動了」之類的。

但在美國採訪的過程中，我發現同世代的運動員都非常放鬆地在享受運動，而日本選手在場上根本完全不是他們的對手。原來如此，我心想。練習當然辛苦，但如果不開心的話就持續不了，也不會成長。最重要的是，我們並不是體育選手，如果運動身體時無法享受本質上的樂趣就太奇怪了。

因此編輯部同仁做運動特輯的同時，常常玩在一塊。每到假日就去打打網球，搭外景車去滑滑雪，大家還做了一款編輯部專屬的橄欖球衣。有家庭的編輯似乎覺得跟大家一起玩比待在家裡開心（笑）。只有親自嘗試後覺得有趣的事，才能推薦給讀者。

《BRUTUS》有個持續至今的特輯叫「居住空間學」對吧。仔細想想，它當

---

3 重要的反文化（counter culture）雜誌，列出各種產品的資訊與評價，以及銷售商的聯絡方式。對日本的《POPEYE》與《寶島》雜誌影響深遠。賈伯斯亦曾在演講時拿它與谷歌搜尋引擎並論。

初也是被建築・室內設計業界徹底瞧不起的企畫。

先前提到我的藝術素養是零，建築方面也一樣。不過我替公司到海外採訪的工作迅速增加，《BRUTUS》編輯部時代的後半期，我想我一年當中待在國外某處的時間加起來有三個月左右，那時常有機會拜訪採訪對象的家。

我偶爾會採訪到名人，不過大部分都是不知名、作品賣不太動的當地年輕人。他們理應沒投入多少金錢，住的地方卻帥到不行。懂得妥善利用舊貨行發現的破銅爛鐵，也會恣意地打穿牆壁、擴充房間之類的。

一九八〇年代初期，藝術圈有新繪畫運動，建築或室內設計圈則有「高科技建築」風格的抬頭，勢如破竹。這一派建築師大膽使用原先不被視為建築元素的工業製品，開始著眼於裸露構造之美等等。我感覺到它隱含著龐克式的反抗精神，挑戰了建築界不動如山的「現代主義」概念，也覺得其精神近似新繪畫運動，所以非常興奮。從建築史的角度來看，時值後現代主義當道，但在我們的日常生活當中，高科技建築離我們近多了，也比較時髦。

© マガジンハウス

「BRUTUS的居住空間學」特集（《BRUTUS》Magazine House，一九八二年六月一日號）

於是，我開始想報導「前所未有的生活空間」，念頭越來越強烈。不過建築跟藝術差不多，都算是專家主宰的領域，對吧？日本的建築雜誌雖然出色，但我怎麼找都找不到相關資料，刊來刊去都是科比意（Le Corbusier）[4]啊、萊特（Frank Lloyd Wright）[5]之類的建築大師，還有超高級家具。但在我認識的人裡，根本沒人住那種房子啊。

後來「居住空間學」特輯開始了。我們明明是扎扎實實地到當地採訪再寫報導，卻有大叔評論家罵我們：「不要隨便買照片來做雜誌啦。」我忘不了當時的不甘心，現在也還是以它為工作的動力。「你等著瞧吧！」……雖然說這話的我已經快六十歲了。

4 法國建築師，功能主義建築泰斗，曾提出著名的「新建築五點」。
5 美國建築師，代表作「落水山莊」被定為國家歷史地標，也被美國建築學會尊為美國建築史上最偉大之作。

這麼一想，我只能由衷感謝當時編輯部的環境，竟然允許我這種外行小鬼一意孤行。我會說：「這就是接下來的藝術趨勢！」然後跑去採訪沒人見過也沒人聽過的藝術家。面對其他媒體完全沒報導、沒人知道的題材，大多數的主管都會予以否決，但當時的總編給了我們最大限度的自由，讓我們做想做的事。

我們當然也挨罵過許多次。還記得我在《BRUTUS》時想出了「結婚特輯」，八成到今天仍是退書率最高的一期吧……。而且我還提出「在米蘭拍攝」的企畫，去找總編商量時說：「會很有趣喔～」結果又半抱怨地撇下一句：「但跟其他人的做法差太多了，不知道會不會賣。」總編大為震怒：「你是真的覺得有趣嗎？」我回答：「我認為成果一定會很有趣！」他便接著說：「那就不要看讀者臉色，全面做自己真心覺得有趣的主題。賣不好低頭謝罪是我的工作。」

我從那位總編身上學到很多，其中最身體力行的就是：「不要設定讀者群，絕對不要做市場調查。」不要追求「不認識的某人」的真實，而是要追求自己的真實。這教誨也許就是我編輯人生的起點。

以製作女性雜誌為例。有人會設定讀者群，比方說：「本雜誌以二十五到三十歲單身女性為訴求對象，她們的收入大約多少多少……」一這麼設定的瞬間，雜誌就完蛋了。因為你自己就不是二十五歲到三十歲的單身女性。

明明是跟該族群無關的人，卻擅自認定「他們關心的事物是這些」。我認為那樣很怪，也很失禮。不該隨便認定，而是要想：我覺得有趣的事物，應該也有其他人會覺得有趣。這「其他人」有可能是二十歲的單身女性，也可能是六十五歲的大叔、十五歲的男孩子。我們面對的是「一個個讀者」，不是「讀者群」。

也許，最近雜誌會無聊的最大原因就在這裡。雜誌的狀況變得跟百貨公司一樣了。如今的百貨公司沒有個性，只是在比誰能引進最多知名品牌罷了，簡直變成了不動產業吧。雜誌的狀況會變得如此相似，正是因為市場調查做過頭了。時尚雜誌變得像化妝包等「特別附錄贈品」的包裝紙，以女性讀者為對象的性愛特輯則是男性編輯擅自妄想出來的，這樣的內容誰會想讀？再說，這些市場調查並不是出版社自己做的，大多是大型廣告代理商發表的。

我偶爾有機會和年輕編輯喝酒，發現會抱怨「企畫過不了」、「總編很廢」、「業務部多嘴」的人大多隸屬於大出版社（笑）。領高薪的人怨言特別多，而弱小出版社的色情雜誌編輯或八卦雜誌編輯絕對不會哀哀叫，我說真的。後者都說：「薪水少，工作辛苦，但我們是因為喜歡才做的。」

我接著想到，讓年輕編輯工作到忘我的訣竅不是提高薪水，而是飯菜！我現在還是這麼認為。讓他們和緩自若地工作，再填飽、灌飽他們的肚子。就是要這樣。大家愛說這年頭的年輕人都是草食系之類的，才沒那回事。他們只是討厭無意義的宴會罷了。

我還在《POPEYE》工作時，有個時期幾乎每晚都會去平凡出版的前編輯在六本木開的酒吧。原因是這樣的，在那裡不管喝多少、帶誰去，都不用花錢。並不是真的免費，但上司會將請款單全部收集起來，用各種巧妙的手法處理掉（笑），我們這些下屬一毛錢都不用出。他們說，要是因工作認識了什麼感覺很有趣的人，通通都帶去喝。

結果就會出現這樣的場面：這一桌有年輕的衝浪玩家笑鬧，另一桌的內田裕也和安岡力也[6]陷入一觸即發的對峙，狀況緊急……如此一來，不同世代、生活環境也相異的人就會自然地結識。氣氛越來越活絡，各種資訊紛紛入耳，破天荒的企畫突然就被拋了出來。根本不用辦「異業交流會」那種無聊的活動。

我後來才聽說要維持這種「夜晚的編輯部」，或者說要在帳目上矇混過去有多辛苦，聽著聽著都消沉了起來。不過那真的是很棒的地方，待在那裡的時間對年輕人而言刺激到了極點。我也在那裡認識了幾個人生摯友。如今自己已到了當年上司的年紀，甚至比他們更大，照理要輪到我回饋了……雖然很難實行，但我希望至少能繼承那份精神（笑）。

學得來的事，學不來的事

我開始在《POPEYE》編輯部工作是二十歲左右的事，完全不記得在職期間有誰教過我擬企畫或找題材的方法。上頭只會說：「去外面找。」連身為編輯的

6 皆為活躍於一九八〇年代的日本歌手及演員。

基本功都沒有人教我，全都是隨便有樣學樣學來的。

從上司那裡學到了什麼？真要說來，就是「享受樂趣的方法」了。也許只有這麼一點。待在編輯部什麼事都不會發生，總之就是往現場跑，不要忘記邂逅新事物的喜悅。

如今雜誌編輯的工作狀況大致上是這樣的：社內編輯待在公司裡，讓自由撰稿人之類的人在外面跑，然後趁這期間不斷在網路上找哏。糟糕到不行。自己不去體驗的話，根本不可能明白趣味何在。不自己去是不行的。

坊間還有「線上編輯指導的編輯補習班」這種謎樣的課程，收到的學生還不少，對吧？沒什麼比那還要浪費金錢和時間的了。付幾十萬日幣去上課的時間拿來自費出版或做 zine 可以做幾十本啊？想像一下你應該就懂了。偶爾會有講師要我去客座講習，這種時候我就會對大家說：「待在這種地方太浪費時間了。」然後就回家去。學生們都會露出不解的淺笑。

我認為工作有能教授的環節，以及不能教授的環節。技術是可以傳授的，但「當編輯不可或缺的技術」本來就很少，幾乎沒有。書這種東西，自由地去製作就行了。

我怎麼看都覺得，教人擬企畫或學習擬企畫本身就是很奇怪的事。因為我無法理解「尋找企畫」這種行為。我只是有想要讀的書，所以去做。以下這句話也許會引起反感，而且我也知道有例外存在，但我還是要說：如果一個編輯是在最前線工作，再怎麼說他都應該沒有每週到學校授課的閒工夫吧？至少我自己光是出去採訪跟寫稿就忙不過來了，根本沒有站到講台上教人「擬企畫」的餘力。

說到底，假如「學習編輯的竅門」真的存在的話，我認為只有一個，就是找到自己喜歡的書，仔細地將它讀進心裡。音樂人會透過模仿喜歡的音樂人跨出第一步，畫家會透過臨摹喜歡的畫家展開繪畫生涯，同樣地，編輯也只要去邂逅自己喜歡的書或雜誌，試著模仿它們做出書就行了，起點就在這裡。挑喜歡的作者的書也行，挑編輯、設計或書籍裝幀讓你覺得很棒的書也好。然後盡可能靠自己做書才是最重要的，多做一本是一本。

我剛開始工作時也深受美國雜誌影響。比方說，採訪者與受訪者的距離、版面構成、雜誌後半固定頁面與特輯頁面風格做出區隔等等。我從高中時代就開始在神保町的西洋二手書店搜刮《PLAYBOY》等美國雜誌，收集得很開心，而我幹編輯的初期就像是那段時期的延續。

我當時的上司大部分都在六〇到七〇年代跑第一線，所以憧憬歐美那種時髦的雜誌製作方法也不令人意外。如前所述，他們同時也受美國反文化派系的影響，因此編輯部訂了堆積如山的外國雜誌，而我讀了一本又一本，學到非常多東西。那也是編輯部的珍貴資產。

我在二〇一四年出了一本書叫《ROADSIDE BOOKS》，裡頭收集了我過去幾年累積的書評。我在書腰上寫了一句標語：「並不是讀得多就了不起，讀得快就代表聰明。」自己著作的書腰標語，我總是會想自己寫。老實說我根本不希望出版品套上書腰，因為會妨礙到設計，但我說破嘴也無法說服出版社。

我認為速讀跟快吃、大量閱讀跟大量進食沒兩樣，所以才寫下那句標語。買

都築響一
ROADSIDE BOOKS
書評 2006-2014
I AM HAPPY TO SEE YOU HERE
たくさん読むから偉いんじゃない
速く読むから賢いんじゃない
——80冊の本、80とおりの転がりかた
ROADSIDE BOOKS
書評 2006-2014
都築響一

《ROADSIDE BOOKS》（書之雜誌社，二〇一四年）

幾百、幾千本書堆在房間裡，然後說「這些我都讀過了」並沒什麼用處。因為你沒去品味這些素材，所以什麼也學不到。它們不會成為你的血肉。就算你想要成為編輯，也不需要比別人更大的閱讀量。擁有幾本讀一百次也不會膩的書，比大量閱讀重要太多了。對於想當電影導演的人而言，道理也類似吧。嫌睡覺浪費時間看個幾千部片——這種行為對電影評論而言很重要，但對創作者來說就不是那麼一回事了。後者應該要找出看一百遍也會感動的電影，一看再看，把它變成自己的一部分，這應該比看一大堆片還要重要許多；音樂家、畫家面臨的也是同樣的情況。以前的寫作教本經常闡述抄寫的重要性，我想這對編輯而言同樣是有道理的。

不要跟同行喝酒

同業交流跟參加編輯班一樣，都很沒意義（笑）。不過我認為異業交流活動更沒意義就是了。

有陣子旁人會邀我去參加聚餐，類似編輯限定的酒局，但我幾乎都不去，漸漸地連那類邀請都不會來了。我認識的編輯很多，但下班後每晚都想一起喝酒的沒半個。對我來說攝影也是工作，但我跟其他攝影家的關係也完全相同。我搞不好從來就不曾跟同行一起喝酒，拿出彼此的「編輯論」、「攝影論」唇槍舌戰。

同行不是夥伴。既然做一樣的工作，就算是對手。因此同行的朋友交越少越好。如果有閒工夫和編輯同行喝酒，還不如隨便去一家居酒屋或小酒館，結識完全不同職業的人，這樣利用時間有意義多了吧。去其他同行沒去過的地方，你才會有獨到的發現。

還有，這年頭還有主管或前輩會把「熬久了就會出頭」掛在嘴邊，其實是當年「不小心熬下去了」的人才會愛說這句。我不至於說他們心腸壞，自己苦過所以希望後進人員也有同樣的際遇，不過換工作這種事嘛，想換盡量換就行了。覺得合不來，辭職就行了。這種直覺總是意外地正確。

尤其做這種工作，要是在同一個地方苦撐許久，反而會有喪失感性的危險。舉大叔系週刊為例，每一頁的老人味都很驚人吧？但實際上，有的編輯部多是年輕編輯在編內容。我看了覺得很不可思議，為什麼二十五歲的人寫的報導看起來會像是六十五歲的人寫的呢？於是我就問認識的編輯，得到的答案是：在編輯部待個兩、三年，寫文章的風格就越來越老了。

我認為這非常恐怖。該說是入鄉不知不覺就隨鄉了嗎？在不適合自己的編輯部苦撐，等於是穿著不合身的衣服，穿著穿著反而就變成符合衣服的體型了。另外，也有求職時不甘不願地穿著西裝，穿久了就變得上相的情況。這不是代表你長大成熟了，只不過是代表你成了「西裝世界的人」。

那些內容無關自己的想法，也無關自己的信念。但被迫製作那些內容久了，你不知不覺也會變成「跟自己原先的想法、信念無關的人」。像是「小使壞大叔」、「完美女友」之類的（笑）。

設計師這種「僕役」

前面提到編輯不需要技術，而在做書過程中唯一需要技術的，也許就是設計領域了。負責想雜誌或書籍頁面設計的人，叫做編輯設計師，以前稱為「配置」。我還在做雜誌時設計也不叫設計，叫「排版」。

有一種設計很「潮」吧。比方說，將主要的照片放超大，然後文字盡可能放小一點，活用留白手法，之類的。

和那種設計師工作，就會聽到他臉不紅氣不喘地說：「文字滿出來了，請刪掉幾十字。」以設計為優先的狀況在雜誌界特別多，所以撰稿人去配合預先設計好的版型撰寫稿反而是常態也說不定。我還在做雜誌時情況也相同，而且我承認，撰寫篇幅剛好落在預先決定的字數限制左右的文章，就某個角度而言是對寫手很有幫助的訓練。

但各位可別誤會了。書和雜誌種類繁多，但基本上都是為了「傳達些什麼」的容器，不是設計師的「作品」。因此，我只要看到文字小到得用放大鏡看（上了年紀更是需要！），留白卻很多的版面，就會氣得牙癢癢。既然有空白，那就放大文字、增加易讀性嘛……。

編輯有想要傳達給讀者的訊息，所以才準備了這些素材。圖片也好、文字也好，如果塞不進預先設計好的版面，也不該自動予以刪除，而是應該要努力設法將它們放進頁面中。這才是所謂的「編輯設計」，不是嗎？

我有幾本書算是攝影集，但不是「作品集」。比起外觀美不美，我更想全力提升內容的濃度。好看的書籍設計當然比亂糟糟的設計好，這是一定的，但老實說那不是最優先考量。大家經常說「設計就是活用內容」，說得有理，但只有套到某些情況才正確。最終而言，「編輯設計」應該要追著內容跑才對。可是關係顛倒的案例絕不算少。要譬喻的話，那就像是買了客製化設計的住宅，住起來卻很不舒服，彷彿被迫欣賞建築師的「作品」似的。

在書籍製作的世界裡，設計師不可以跟作者「攜手合作」，而是一定要直截了當地將作者想法放到紙上，當個「捕手」（這是好的意思）才行。編輯跟作者的關係也完全相同。

書籍作者會想要百分之百地將打算傳達的事情傳達出去。如果那些資訊擠不進版面的話，只要削減留白、縮小文字再塞進去就行了。

再舉個例子。讀喜歡的雜誌時，令你感到萬分在意的文章或照片，未必是主視覺照或特輯文章，也有可能是書末黑白頁上某張尺寸接近 35mm 底片的小照片，或者被推到版心外的一行字，對吧？

尤其在所謂專門雜誌的領域，決勝的往往是資訊量而非帥氣的設計，因此常會出現一流編輯設計師無法置信的版面構成，簡直像亂來。我在《誰也不買的書，非得有誰來買》（だれも買わない本は、だれかが買わなきゃならないんだ）舉了《吉他雜誌》（ギター・マガジン）為例，而《實話 Knuckles》（実話ナックルズ）那類的八卦雜誌和《EX 大眾》那類的偶像雜誌也都一樣。比方說，一般雜誌的字級通常會統一，正文大約這麼大，照片標題大約這麼大，但那些雜誌的正文字級會隨著報導不同變化，有的頁面甚至會以圖片說明文字那麼小的字填滿。

那類雜誌的設計師或編輯並不是想挑戰排版常識，只是因為想放進書中的實在太多、太多了。雜誌設計跟廣告設計並不相同，如果讓文字量或圖片量受限於

《誰也不買的書，非得有誰來買》（晶文社，二〇〇八年）

設計就本末倒置了吧。這種事偶爾也會發生，所以我做自己的書時只會和「擅長聆聽」、能夠汲取我意圖的設計師合作。設計大師我也很尊敬，但我做書並不是為了讓設計師獻寶的。

《ROADSIDE JAPAN 珍奇日本紀行》（ROADSIDE JAPAN 珍日本紀行）文庫版是我請剛從京都美大畢業的五名年輕男女（當時我們的交情很好）組成團隊分工設計的，兩本一套，分為西日本篇和東日本篇。找這麼多人是因為兩本書加起來超過一千頁，用這麼大的工作量去綁一個設計師並不妥，而且預算也很吃緊。

當時預先設定的只有基本字體和文字排版方式，以及一條規則：禁止一平方公分以上的留白（笑）。要是有空白，就多塞一張照片進去。版心外也盡量放文字進去，不然就太浪費了。其餘部分就交由他們五個自由發揮。每人負責頁面的設計感都跟其他人有微妙的差異，因此書印出來後挺常有人說：「明明是文庫尺寸，還雜亂成這樣。」但我認為，什麼統一感、美學

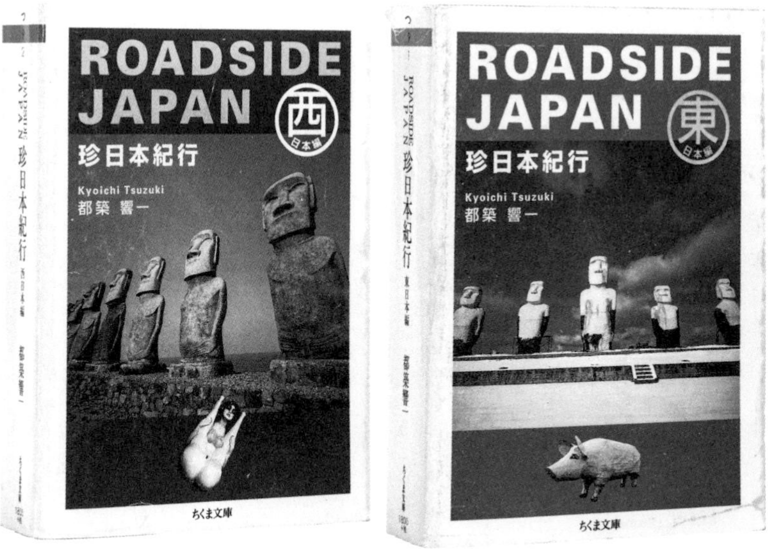

《ROADSIDER JAPAN 珍奇日本紀行》東日本篇、西日本篇（皆為筑摩文庫出版，二〇〇〇年）

ートボール式の餌やりマシンは、おもしろくってハマります

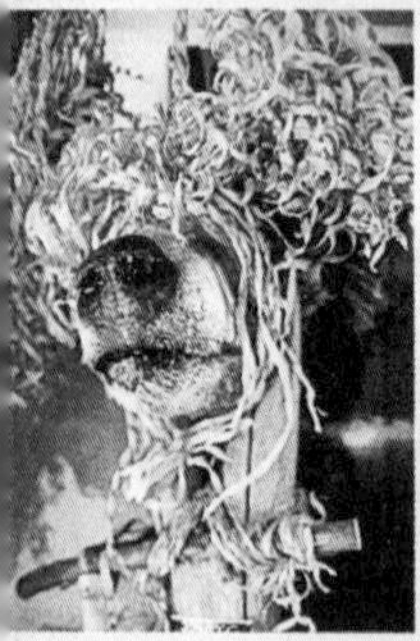

ヌの儀式に欠かせなかった、クマの頭を乗せる木「ユクサパウンニ」（上）や、手にとって感触をめられるヒグマの頭蓋骨（下）など、観光客が通り過ぎがちな博物館だが、展示は意外に充実しる。また、いまや定番の北海道土産「熊出没注意」グッズ、そのほかさまざまなクマ関連のお土場は、さすがによりどりみどり。札幌の千歳空港より、品揃えは優れたものがあります

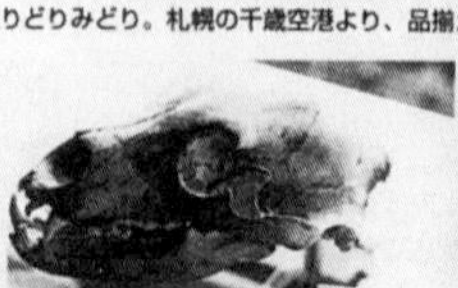

0088 北海道

ヒトの檻に入って、巨大ヒグマにエサやり体験

のぼりべつクマ牧場

千歳空港に着いたら、道央自動車道に乗って一路南下。登別東インターで高速を降り、登別温泉に向かえばまもなく、「登別・・・と言えば、クマ牧場」の名高いコピーがそこらじゅうに現れてくる。日本各地にクマ牧場と名乗る観光施設は数あれど、老舗中の老舗といえばのぼりべつクマ牧場で決まり。北海道とヒグマが切っても切れない関係にあるのは、日本全国どこの家の玄関にも、北海道土産のクマがサケをくわえてるヤツがあるのを見ても明白だが、それにしてものぼりべつクマ牧場が生まれてから、はや40年近く。現在200余頭のヒグマを擁する、国内屈指の「ベア・パーク」だ。

登別の温泉街からちょっと奥まった駐車場にクルマを停め、ゴンドラに乗って約5分間の山登り。クマ牧場は山の上にあるのだ。「猛獣ヒグマもここではみんなのアイドル!!」とパンフに書かれているとおり、のぼりべつクマ牧場では毎日2時間おきに行われる子グマのショー、アヒルの競走などのエンターテイメント、ジンギスカン定食が味わえるクマ山食堂、クマの胎児ホルマリン漬けなんかも見られるヒグマ博物館など、お楽しみはいろいろ。しかしなんといってもハイライトは、クマ山内部に設置された「人間のオリ」に入って、巨大なヒグマを間近で観察できる「エサやり体験」だ。クマ山の裏側から、コンクリート製の山の内部に入ると、内部は分厚いアクリルと金属製の柵でガードされた「人間のオリ」になっている。クマのほうが外にいるわけ。ヒトを見つけるとクマはすぐに寄ってくるから、スマートボール式のエサやりマシンで、固形エサ射出！　巨大なクマがパックリしたあと、「もっともっと」とねだって掌（前脚）をフリフリする姿には、なかなかグッとくるのです。(96年10月)

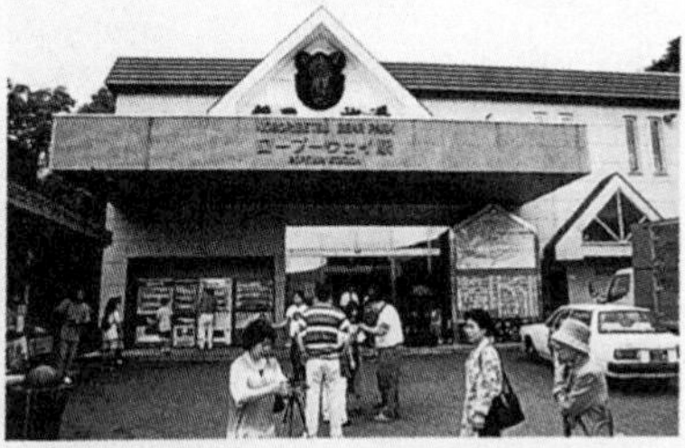

入園料2300円とちょっと高めだが、ここまで来たら行かないと・・・

アメリカ生まれの「ビリージョーズ楽団」が、クマ山食堂で自動演奏中

上：博物館にはマニア好みの展示もあって、意外に充実　下：アヒル競走もやってます

文庫版《ROADSIDE JAPAN
珍奇日本紀行（東日本篇）》跨頁版面

都不重要。因為我想讓讀者看的照片、想讓讀者讀的文字就是有那麼多。和讀者分享那些才是最要緊的。

話說九〇年代末到〇〇年代初，我有段時間相當熱中於泰國，尤其被泰國鄉下佛寺那些究極怪誕的地獄極樂全景模型徹底迷倒。我一年會去個好幾次，不斷採訪，最後將內容整理在《HELL地獄何處去（泰國篇）》（HELL地獄の歩き方〈タイランド編〉）。當初會知道那樣的地方，是因為我在曼谷旅館隨意翻看當地雜誌，結果看到一張非常小的照片。

雜誌上寫的當然是泰文，完全看不懂，但在我眼前展開的還有令人難以置信的色情怪誕．恐怖立體繪卷：身體被切成兩段、睪丸被野狗咬碎、手插著針筒的人被機車輾過……我大吃一驚，衝到旅館櫃檯去問：「這是什麼？這在哪裡？」結果對方親切地給我建議：「那座寺廟沒什麼了不起的，從曼谷過去得花兩個小時左右，不值得特地跑去啦～」而我打斷他的話，立刻請他幫我叫計程車，到場一看，感覺像是被痛打了一拳。這已經是十幾年前的事了。

像那種真的很小的照片或真的很短的文章，也可能成為某種契機。因此只要版面允許，再怎麼小的照片、再怎麼瑣碎的資訊我都會想放。

我偶～爾會在美術館舉辦攝影展。對啊，美術館的作品解說或許也是類似的東西。如果看到在意的作品，我們就會查看解說，看這是誰畫的、來自哪個年代。那些作品解說大致上都做得很小，大概是故意的吧。

不過我還是認為，自己的照片與其說是「作品」，「報導」的性質更為突出。我希望大家了解的不是我的拍攝手法，而是拍攝內容。因此我經常向美術館員提出請求：「盡量把解說放大！」二〇一〇年在廣島市當代美術館舉辦個展「HEAVEN 都築響一陪你探訪，社會之窗中的日本」時，我將文字放大到極限，解說板也加大尺寸。負責的館員聽了我的提案原本說不出話來，但我向他解釋：對我來說，展覽空間就像是「立體的書」，我想把一面面牆壁當作一張張書頁，填滿影像和文字。他聽了之後覺得很有意思，努力幫我實現。這件事我到現在還

《HELL 地獄何處去（泰國篇）》（洋泉社，二〇一〇年）

是印象深刻。

並不是留白很多的設計方法全都不對，也不是塞越滿就越好。能否摸透一本書或雜誌作為容器所盛裝的資訊是什麼、有多少，關乎編輯設計師的資質，與作者或編輯和設計師溝通的能力也有很大的關係。

現在的雜誌很常把設計工作外發出去吧。外頭有幾家人氣設計事務所，案子交給他們就能安心。雖然安心，但交給他們的東西看起來都一個樣。

我還在做雜誌時，《POPEYE》和《BRUTUS》都在編輯部的角落設有校對和美編部門，大家每天見面，一起做書。拍照時會請他們在場，偶爾也會請他們到採訪現場。每天晚上也會混在一起。如此一來，我們根本不用說明，他們就會知道我們認為什麼有趣、想往哪個方向去。這點非常重要。設計師如果光是在自家事務所待命，聽到編輯說：「來，這個麻煩你，這張照片放大一點。」當然會摸不著頭緒。

「HEAVEN 都築響一陪你探訪，社會之窗中的日本」展場照（廣島市當代美術館，二〇一〇年）

因此編輯和設計師，尤其是雜誌的編輯和設計師，不混在一起是行不通的。「宅 File 便[6]」是無法傳遞意念的。

6 一個日本的檔案傳輸網站。

第 2 章

如何養成自己的編輯觀點？

身為策展人，身為DJ

「編輯」到底要做什麼呢？粗略地說，編輯的工作就是想企畫，接著出去採訪或向作家邀稿，最後編排出書或雜誌。其中我認為編輯最重要的職責，就是讓作者除了創作之外什麼都不用想。

「打造作家」這種想法太過火了。編輯的工作性質完全只是「指揮交通」的一種，協助書順暢出版問世。就這角度來看，美術館的策展人跟編輯似乎有點像。有的策展人會說：「一起來辦個好展覽吧！」誤會過頭了吧。策展人的角色不是和藝術家「一起做作品」，而是設法讓藝術家集中全力製作作品，不需要去擔心宣傳和經費問題。這不是上下關係，但也不是對等關係。不管怎麼說，動手做的人就是騎馬打仗中的大將，而自己是下面的馬。要是忘記這點，就會發生丟臉的誤會，而且遲早會在名片上放「超級編輯」這種頭銜。

從以前開始，大出版社漫畫雜誌的編輯就會和漫畫家一起想故事，但這習慣非常扭曲不是嗎？就某方面來看，編輯大概算是漫畫家的製作人吧，但編輯本就不該干涉關乎作品本質的部分。發想書籍內容的人是作者，不是編輯。近來年輕漫畫家對毫不變通的大出版社漫畫雜誌敬而遠之，寧可自費出版，完全按照自己想法做書，然後參加Comic Market或透過網路商店直接販售。會有這樣的趨勢也是當然的吧？對漫畫編輯而言，這是自作自受。

若用音樂譬喻，作者就相當於音樂人，編輯該扮演的也許是ＤＪ的角色。ＤＪ的工作是將一首又一首歌曲串連起來，創造出一個音樂的集合體；同樣地，編輯必須將各種文章組合起來，拼成一本書。內容素材完全由音樂人提供，編輯不會和他一起作曲。

沒有ＤＪ會只放暢銷金曲吧？不斷放沒人聽過的歌曲，舞池裡的群眾也無法隨之起舞吧？因此，要炒熱氣氛就得穿插播放有名和冷門的曲子，偶爾還得插入曲風完全不同的音樂，製造意想不到的展開。

要成為這種ＤＪ，非得各類型音樂都聽才行。還得找出業界人士愛店之外的唱片行，跑完全沒有認識的人會去的表演，在旅行途中尋找從未聽過的音樂。像這樣擴大自己的世界觀，對ＤＪ和編輯都是很重要的事。

這需要經濟上的餘裕，但也不是靠銀彈就能辦到的。

邂逅美國文化

我第一次為《POPEYE》出國採訪是在一九七八年，剛好是成田機場剛完工那陣子。還記得我應該是從羽田機場出國，從成田空港歸國。那也是我第一次搭飛機。我們家有好幾代都是開店的生意人，完全沒有長途旅行的機會。

我第一次出國是去紐約，但那時代和現在不同，沒有網路，因此只能從編輯部訂閱的《紐約》（*New York*）雜誌或《村聲》（*Village Voice*）找出有那麼點意思的哏，剪下報導，到了當地再拿起黃頁（依職業分類的電話簿）一個接一個聯絡、約訪，這就是第一步。接著就是不斷走路，或開出租車到處晃，尋找在意的店，不然就是從熱鬧大街的頭走到尾，然後根據筆記做出「街道地圖」。編輯部把這行動稱為「間宮林藏[1]」。我們會說「吃飽飯之後就要去間宮林藏了」（笑）。我在《POPEYE》的五年幾乎都是這樣過的。

起初也會安排當地的幫手，但我後來都自己猛打電話，用英文溝通，結結巴巴地對電話另一頭提出請求：「我們是日本的雜誌，想要拍攝貴店照片。」結果對方三兩下拒絕：「我們不是會上漫畫雜誌的那種店。」有段時間我實在恨得牙癢癢的，想不透Magazine House為何偏偏要拿那種漫畫角色的名字來當雜誌名。但也因此，我的英文越來越進步，連以前在大學英語系學的零實用性的英語也用得出來了。

我在《POPEYE》的時代，責編、撰稿人、攝影師等等會組成少則四、五人，

1 江戶時代後期探險家，橫越海峽探索庫頁島的第一人。分隔庫頁島與亞洲大陸的間宮海峽（韃靼海峽）即是以他命名。

多則七、八人的陣仗從東京出發，在國外的飯店或汽車旅館住好幾個禮拜，幾乎是集訓狀態了。一個房間睡好幾個人，每天從早到晚都一起行動。大家都沒手機、沒網路、沒有一個人擅自跑到其他地方的行動力，所以沒有獨處的時間也沒有隱私。現在回想起來，那狀況或許是有點奇妙。

我就那樣一路在《POPEYE》工作，不知不覺從兼職人員變成了「自由接案但辦公室有我座位」的人員，然後在《BRUTUS》創刊後調往他們的編輯部。從那陣子開始，採訪團隊的人數就漸漸變少了……，那樣機動性也高多了。接著編制越來越接近一人團隊，我也開始會一個人到海外採訪。

一個人過去，找當地攝影師一起合作。對方幾乎都不是日本人，所以工作上彼此只能靠破英文溝通。

為什麼這麼安排？一來，當地人最了解他所在的城鎮；二來，採訪工作結束後就能獨處了。我不是想偷偷摸摸地幹什麼壞事，只是當時我已漸漸覺得一個人在街上慢慢晃、在旅館悠哉看電視舒服多了。

一般來說，做雜誌和製作電視節目一樣，到海外採訪時基本上都會有所謂的「統籌人員」隨行，他們負責為製作團隊導覽、甚至幫忙安排採訪行程。但印象中我還在《POPEYE》的時候，雖然經常拜託當地友人幫忙，卻不怎麼常雇用專業的統籌人員。到《BRUTUS》後，開始會一個人包辦幾十頁的特輯，那時已經跟統籌人員完全無緣了。到了英文完全不通的國家，也頂多請口譯來幫忙。

請統籌人員非常方便，但換個角度看，找了他們就只能報導他們知道的人事物，只要消化他們預先排好的行程即可，大概不可能出什麼差錯，但也不會有自己發現新事物的喜悅。說到底，只要找同一個統籌人員，任何單位都能完成同樣的工作內容。

相對地，自己查資料、自己去採訪的話會遭遇許多失敗，例如花半天好不容易抵達的旅館正在「冬季休館」，約好碰面的人一直不來……但一切順利時的喜悅是非常豐沛的。

這大概稱不上「專家的工作方式」吧，也經常有人說我這樣白費很多力氣，但一個人行動、一個人準備規畫的話，就不需要付統籌人員薪水，預算安排上反而輕鬆。

有時前往某處打算進行採訪，結果因為沒有統籌人員而無法順利取得成果，在這種時候，我就會心無旁鶩地設法找出替代的報導題材。雖然無法按照預定計畫走，但我其實很喜歡這種「在什麼也沒有的地方想辦法生出頁數」的感覺。因為，不像大自然風光會有壯闊和樸素之分，有人住的地方不管人多人少，不可能連一個有趣的點都沒有。真正超乎預期的邂逅，只存在於超乎想像的地方。

因此企畫也好、旅行也好，一開始就規畫得鉅細靡遺是行不通的。

自由工作者的自由與不自由

就這樣，我總共在《POPEYE》和《BRUTUS》編輯部待了十年。不過就像先前提到的，我一直都是以自由工作者的身分待在這裡，甚至不是每年簽約的工作人員，而是純領稿費。

我跟公司上級的交情也變得相當不錯，那十年內被勸過幾次：「要不要做正職員工？」還說，只要形式上考個試就能讓我入社。進公司後生活當然會比較安定，但另一方面，也會面臨人事異動。原本待在《BRUTUS》編輯部，哪天突然被調到女性雜誌《Croissant》也不奇怪。

很想在這種時候說：「我為此煩惱許久……」，但其實我根本沒猶豫。現在回想起來還真是不可思議。

現在的狀況我不知道，不過當時的 Mangazine House 似乎是以「社內工作年資」決定年薪。不論是辦公室內九點坐到五點的文書處理人員，還是忙到一週得住編輯部幾天的編輯，領的薪水都是一樣的。像我這樣的自由工作者，基本上都是在正職編輯底下工作。不過正職編輯有非常熱中於工作的，也有完全不做事的。他們會在員工餐廳吃中餐和晚餐（Magazine House 的員工餐廳是免費的！），晚上就在編輯部角落打打撲克牌，去麻將館殺殺時間，然後用計程車券回家，每天感覺都這樣過。所以那陣子有人說，兩個員工結婚的話十年內就可以買房子了（笑）。

接受這種「高規格待遇」，工作與否都能領同等薪水的話，我想我一定會打混的。畢竟，經人事異動，從性質天差地遠的綜藝雜誌調過來後根本不做事的正職編輯可多了。

還有一個我不太希望回想起來的狀況。不只 Magazine House，當時每家大出版社都有非常強大的工會，因此春鬥、集體交涉等工會運動接連不斷。於是，到昨天為止還跟我一起工作的正職編輯，今天突然就在頭上綁起紅色布條，在牆上貼出字跡潦草的大字報，或是感情很好的上司和部下突然開始在會議室互相咆哮。

傍晚一到，正職編輯撇下一句「工會決定禁止加班」，就從編輯部消失。但雜誌不能休刊，工作堆積如山，因此自由工作者和兼職人員得花比平常更多的力氣四處奔走，一再打電話給在公司旁邊喫茶店之類的地方「待命」的正職編輯，或跑過去報告狀況。正職編輯的薪資因此逐漸提高，我們卻跟這樣的恩惠完全無緣。我後來對這種公司運作方式討厭到了極點。不是工會這個系統本身不好，但做好書、好雜誌完全是另一回事吧。

埋頭苦幹十年後剛好也三十歲了，我想讓這樣的生活告一段落，於是在一九八五年向《BRUTUS》提出辭呈——平常接受訪談時，我總是這樣回答的，「想要告一段落」是事實，不過具體的理由其實有兩個。

第一個原因我之前沒什麼提過，是薪資問題。待在《BRUTUS》後期，我幾乎都是一個人做幾十頁特輯，工作量非常龐大，而且一年只能做三、四期。如果單純以「這頁幾百字所以領這麼多錢」的方式計算稿費，只會得到跟努力不成比例的數字。怪的是，與其那麼辛苦做事，每期都照抄業配資料寫個好幾篇新電影、新音樂的相關報導，賺到的總額還比較多，而且是多上許多。我認為這樣很奇怪，多次跟上頭交涉，請他們提高稿費，但不知道到第幾次連自己也覺得煩了。

某天，我終於下定決心提了離職，結果當時跟我談的總編竟然說：「那在你離職前，把採訪訣竅和合作對象清單告訴新人吧。」我到現在都還記得自己有多失落。那徹底是上班族的思考方式吧？對自由工作者而言，那「訣竅」正是財產啊。

還有一個理由，就是「雜誌有其壽命」。雖然《POPEYE》、《BRUTUS》都還活得好好的，說「壽命」也很怪，不過我總覺得雜誌是以三年為一個循環。《POPEYE》創刊時的總編似乎拜託過當時的社長：「請您這三年默默看著就好。」

現在的出版社大概連三個月都等不了吧。三年過去後，營運狀況穩定下來，第四、五年就把過去受歡迎的企畫重做一次。並不是這樣不好，但重覆的企畫不應該由同一批人來做，否則只會做出相同的內容。因此我根據經驗產生的感覺是：好的編輯部應該要每五年有一次新陳代謝比較好。

要試著停下腳步

我辭去了《BRUTUS》編輯部的工作，但並不想鬧大，所以趁所有人都不在的星期天來到編輯部整理私物，在桌上放了一張有我聯絡方式的名片，事情就這麼結了。我絕對不要什麼淚眼汪汪的送別會。

之後我暫時在千駄谷租了一個小工作室，開始當自由文字工作者。做著做著，因故開始跑京都，每隔一段時間就會去玩，有一天發現京都的房租比東京還便宜。那時我發稿、跟編輯討論都靠傳真，所以心想，就算沒待在東京也沒關係吧。我於是在京都租了公寓，決定試著住個兩年看看。我在東京都內搬過幾次家，但搬到東京外還是第一次。

接到的工作量不算多，不過當時日本即將邁入泡沫經濟，景氣很好，所以單件、單件的案子還不少，就算不焦急地工作也活得下去。因此我開始到京都大學旁聽，決定第一年上日本建築史，第二年上日本美術史，這樣就好了。固定每週一次騎菜籃車到京大聽課，然後再直接騎車繞到教授提到的神社佛寺或博物館看看。我還買了高度一公尺以上的京都大型地圖貼在房間裡，去過的地方就以圖釘標示……現在回想起來像是一場夢，但那可說是我人生路上的一次換檔，是停下腳步一次，重新了解週遭的大好機會。

時代進入泡沫經濟，那時的事真要聊起來可沒完沒了，總之當時有很多從東京或海外來玩的人，我和他們在祇園、先斗町或保有嬉皮文化餘韻的酒館混得很開心，混著混著認識了京都當地的老字號出版社「京都書院」，催生了《ArT RANDOM》這套當代藝術全集，共一百零二本書。這是我第一次經手書籍的編輯工作。

為雜誌一再進行當代藝術相關採訪的過程中，我得知日本的藝術媒體落後時代一大步，而且國外的年輕藝術家也沒什麼機會發表作品，或自己做展覽目錄之外的藝術書，因此我起了一個念頭：好想把「真正時下的」當代藝術介紹給沒錢買高價、大部頭展覽手冊的同世代年輕人。

《ArT RANDOM》的價格設定為相當便宜的一九八〇日元，希望讀者買起來的感覺就跟購入 CD 或黑膠差不多；拿掉展覽目錄中最沒有存在必要的冗長解說文，只扎實地介紹作品；做成像兒童繪本那樣的硬殼精裝書，堅固耐用，讀者即使是粗魯對待它也不要緊。根據以上概念，我們推出了這套書。

選定藝術家專題的工作不只由我負責，我也拜託當時認識的歐美年輕藝術線記者或新銳策展人幫忙：「請你們編五本，想做什麼就做什麼。」有不少本是這樣編出來的。我們還採取了一個做法，那就是將售價壓到最低限度，給藝術家的初版版稅也設定得很低，但印好的書會給他們一百本。對藝術家來說，與其收到一丁點版稅入帳，還不如拿到書在展覽販售。

全套一百零二本書當中有幾本是介紹日本藝術家，不過仍是介紹歐美藝術家的比較多。一來是想把這些藝術家介紹給沒什麼機會認識他們的讀者，二來是日本的美術館完全不願提供協助，就算提出外借作品翻攝照片的請求，他們也只會採取「你在說啥啊？」之類的態度。

這套書介紹的藝術家當中，有的在歐美當代藝術圈已經享有盛名，例如凱斯・哈林、尚・米榭・巴斯奇亞、辛蒂・雪曼（Cindy Sherman）等等，也有後來竄紅的文森・加洛（Vincent Gallo），知名卻一直沒出作品集的藍艾爾齊（Rammellzee），以及英年早逝的藝術家。高知名度的藝術家當然出過展覽目錄，但實在很難隨心所欲地做畫冊出來，所以欣然接受我們提案的人意外地多（儘管這系列一本書只有四十八頁）。後來京都書院其實有意將一百零二本書復刻出版為三本一千五百頁的文庫版，公司卻在試做樣書都做好的階段破產了。這企畫最終沒有實行，因此《ArT RANDOM》系列的書各位只能在二手書店找了。

基本上一本書只介紹一位藝術家，不過當中有幾本以特定主題網羅多位藝術家，感覺像是在辦紙上聯展。「非主流藝術」（Outsider Art）是其中一例，我認為它應該是日本最早出版的非主流藝術主題書籍，最

《ArT RANDOM 6（KEITH HARING）》（京都書院，一九八九年）

早將亨利・達戈（Henry Darger）介紹給日本讀者的也是它。

總共有一百零二本，所以要一本一本挑出來談編書時的回憶根本談不完。不過當時印象最深刻的是，我在編這套書時第一次使用了蘋果電腦，在那之前只會用一台小小的打字機。

《ArT RANDOM》的製作團隊採取兩人編制：我在移居京都期間擔任編輯，我的設計師朋友宮川一郎負責設計。基本上都編成日英對照的雙語書；文字量不大，所以兩人編制還應付得來。

當時無法以數位檔案進稿，仍是照相排版的時代。英文字的照相排版非常耗費金錢與時間，作者又散布在世界各地，討論校稿困難萬分。

因此我想，如果引進剛開賣不久的個人電腦，日文字與英文字的排版就能無縫接軌了。於是我買了最早的麥金塔Plus，印象中要價五十萬日元左右。（我後來也用了各種蘋果電腦，新的來舊的去，唯獨這部我捨不得丟，一直放在手邊。）當時京都唯一賣蘋果電腦的店家，是佳能的事務機部門。當然只有軟碟機可用，蘋果電腦用的外接硬碟還不存在於世上。工作時得準備個幾十

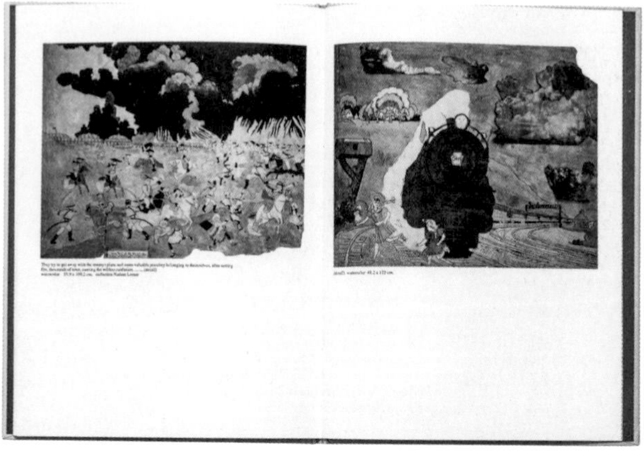

《ArT RANDOM 50（Outsider Art）》（京都書院，一九八九年）

左：《ArT RANDOM》系列，共一百零二卷（京都書院，一九八八至一九九二年）

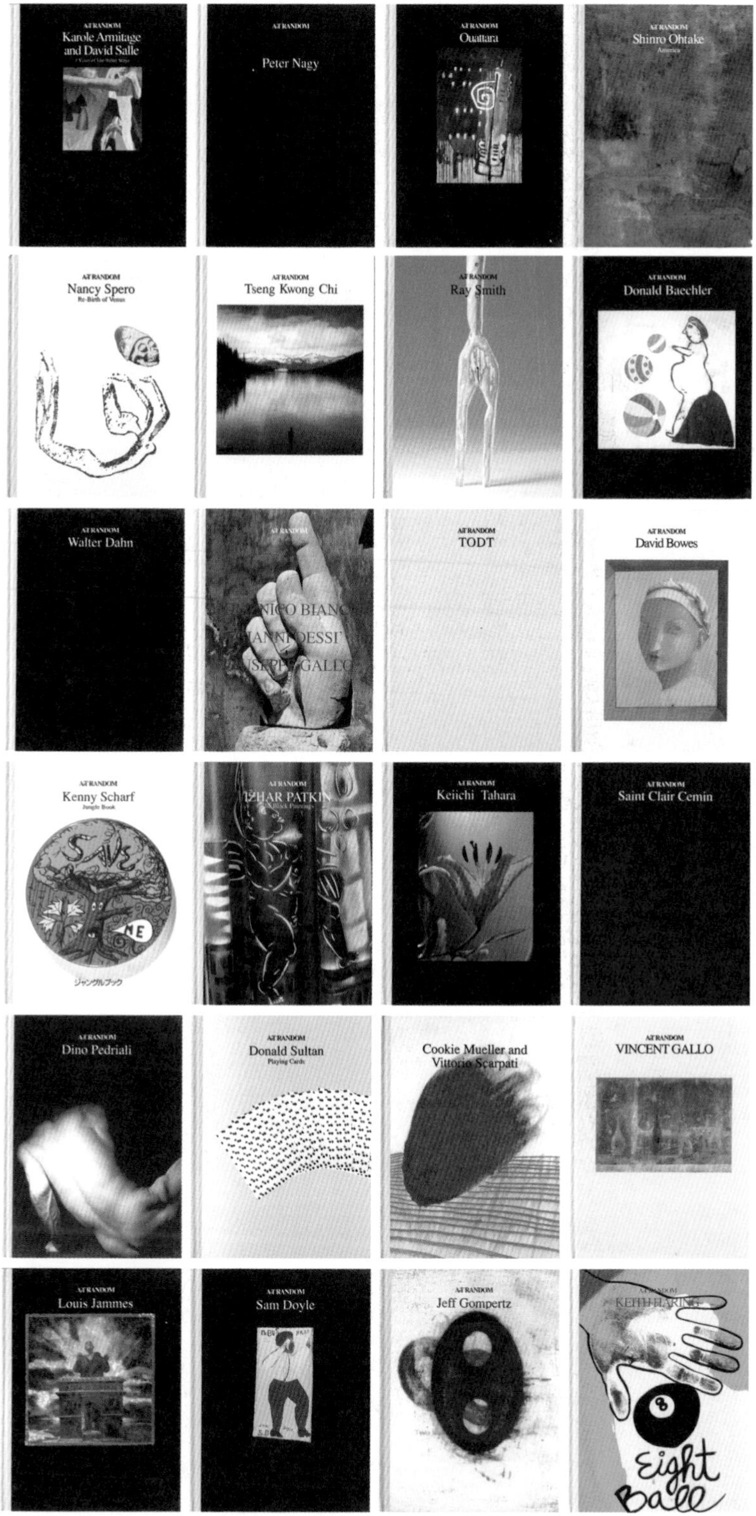
AT RANDOM
Karole Armitage and David Salle
AT RANDOM
Peter Nagy
AT RANDOM
Ouattara
AT RANDOM
Shinro Ohtake
America
AT RANDOM
Nancy Spero
Re-Birth of Venus
AT RANDOM
Tseng Kwong Chi
AT RANDOM
Ray Smith
AT RANDOM
Donald Baechler
AT RANDOM
Walter Dahn
AT RANDOM
AT RANDOM
TODT
AT RANDOM
David Bowes
AT RANDOM
Kenny Scharf
Jungle Book
ジャングルブック
AT RANDOM
AT RANDOM
Keiichi Tahara
AT RANDOM
Saint Clair Cemin
AT RANDOM
Dino Pedriali
AT RANDOM
Donald Sultan
Playing Cards
Cookie Mueller and Vittorio Scarpati
AT RANDOM
VINCENT GALLO
AT RANDOM
Louis Jammes
AT RANDOM
Sam Doyle
AT RANDOM
Jeff Gompertz
AT RANDOM
KEITH HARING
Eight Ball

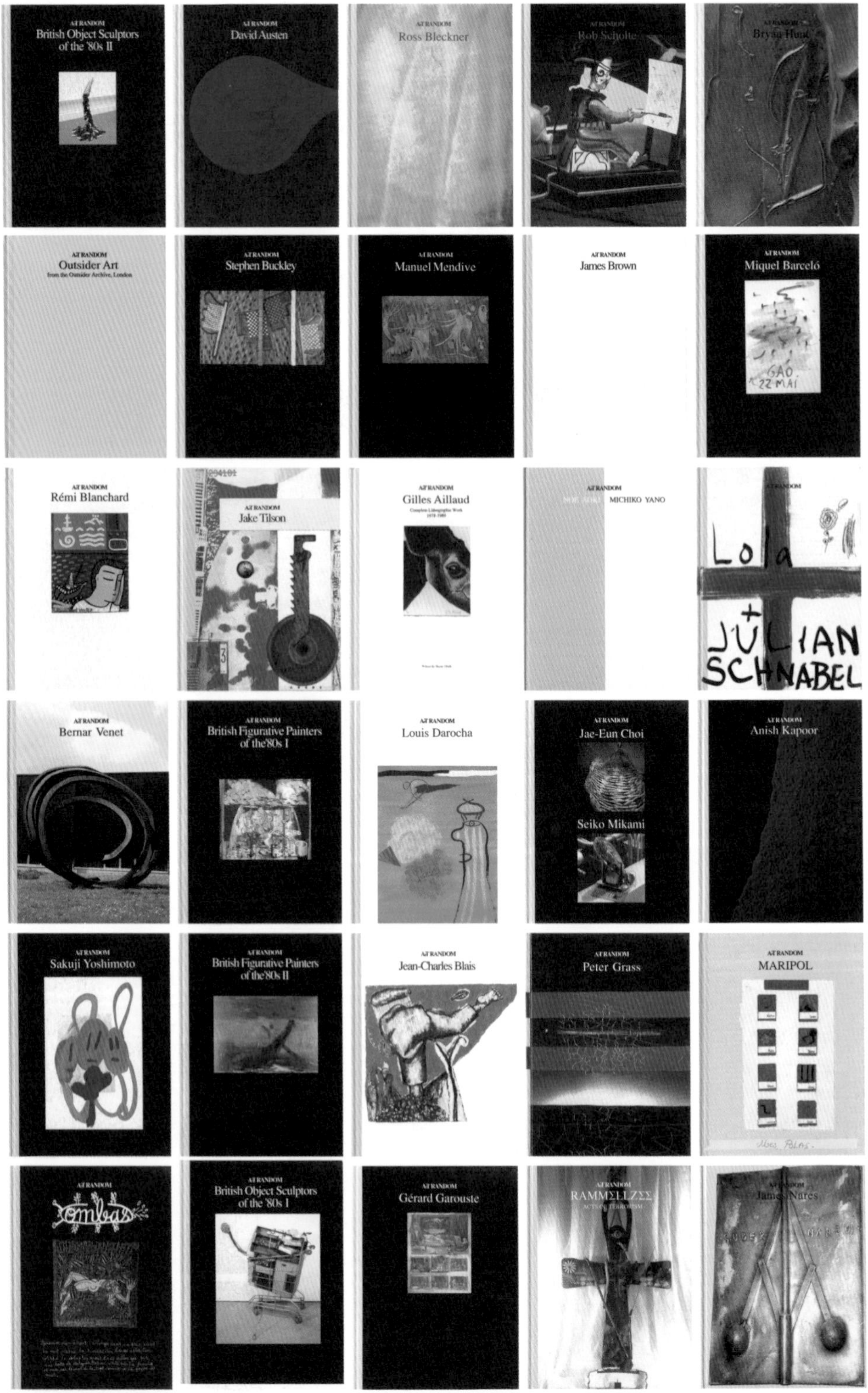
ART RANDOM
British Object Sculptors of the '80s II
ART RANDOM
David Austen
ART RANDOM
Ross Bleckner
ART RANDOM
Rob Scholte
ART RANDOM
Bryan Hunt
ART RANDOM
Outsider Art
from the Outsider Archive, London
ART RANDOM
Stephen Buckley
ART RANDOM
Manuel Mendive
ART RANDOM
James Brown
ART RANDOM
Miquel Barceló
GAO
22 MAI
ART RANDOM
Rémi Blanchard
ART RANDOM
Jake Tilson
ART RANDOM
Gilles Aillaud
Complete Lithographic Work
1978-1989
ART RANDOM
MICHIKO YANO
ART RANDOM
Lola
+
JULIAN
SCHNABEL
ART RANDOM
Bernar Venet
ART RANDOM
British Figurative Painters of the '80s I
ART RANDOM
Louis Darocha
ART RANDOM
Jae-Eun Choi
Seiko Mikami
ART RANDOM
Anish Kapoor
ART RANDOM
Sakuji Yoshimoto
ART RANDOM
British Figurative Painters of the '80s II
ART RANDOM
Jean-Charles Blais
ART RANDOM
Peter Grass
ART RANDOM
MARIPOL
ART RANDOM
ART RANDOM
British Object Sculptors of the '80s I
ART RANDOM
Gérard Garouste
ART RANDOM
RAMMΣLLZΣΣ
ACTS OF TERRORISM
ART RANDOM
James Nares

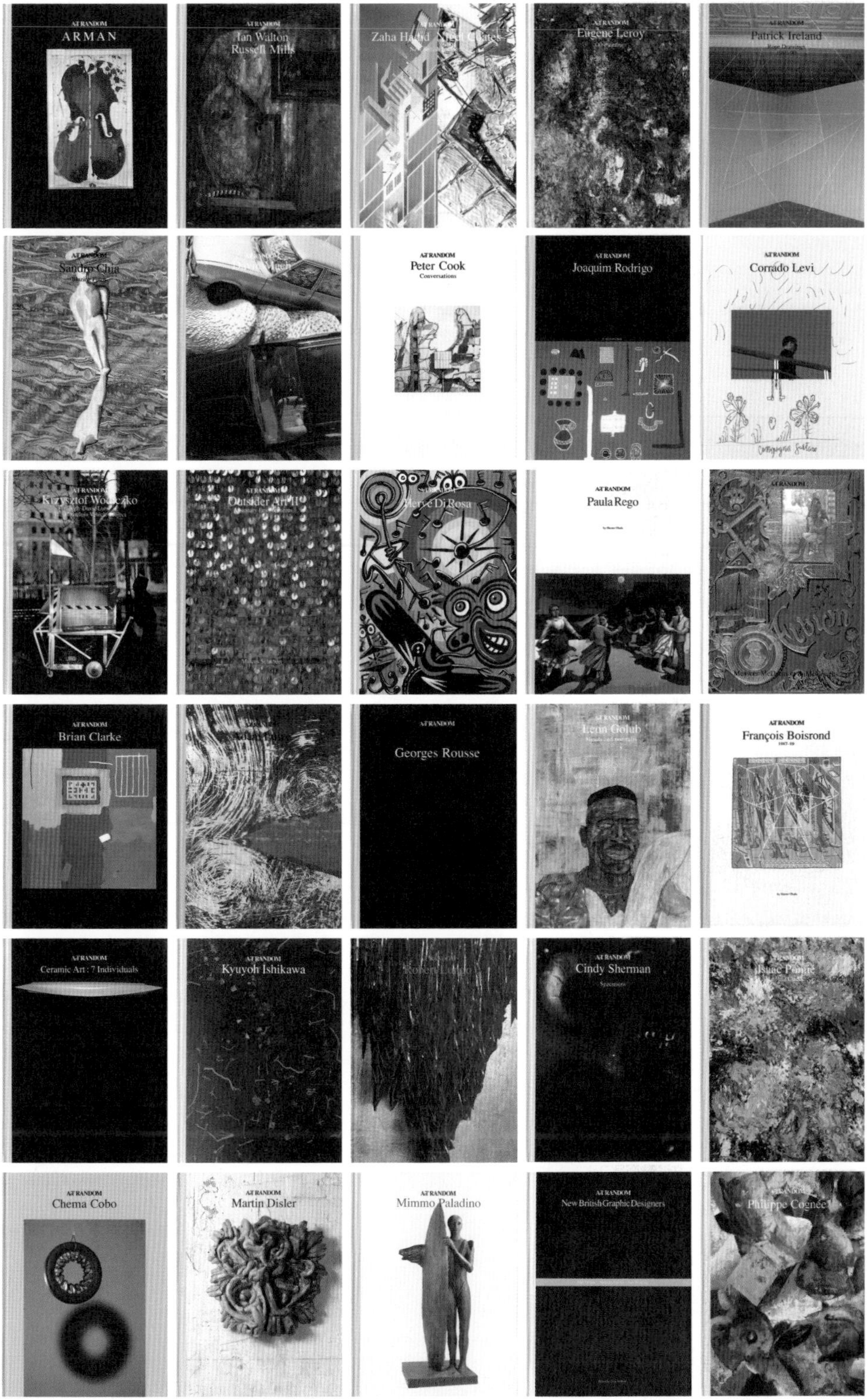
AT RANDOM
ARMAN
Ian Walton
Russell Mills
Zaha Hadid
Eugène Leroy
Patrick Ireland
Sandro Chia
AT RANDOM
Peter Cook
Conversations
AT RANDOM
Joaquim Rodrigo
AT RANDOM
Corrado Levi
Outsider Art II
AT RANDOM
Paula Rego
AT RANDOM
Brian Clarke
AT RANDOM
Georges Rousse
Leon Golub
AT RANDOM
François Boisrond
1987–89
AT RANDOM
Ceramic Art : 7 Individuals
AT RANDOM
Kyuyoh Ishikawa
AT RANDOM
Cindy Sherman
AT RANDOM
Chema Cobo
AT RANDOM
Martin Disler
AT RANDOM
Mimmo Paladino
AT RANDOM
New British Graphic Designers
Philippe Cognée

張軟碟，不斷換片，堆得一團亂。不久後推出的最早期的雷射印表機當然只能黑白列印，而且尺寸最大只到Ａ４，售價仍高達一百萬日元左右。當時的環境就是這樣。

蘋果電腦一發售，瞬間就成為革命性的產品，當然又會有人跳出來七嘴八舌。

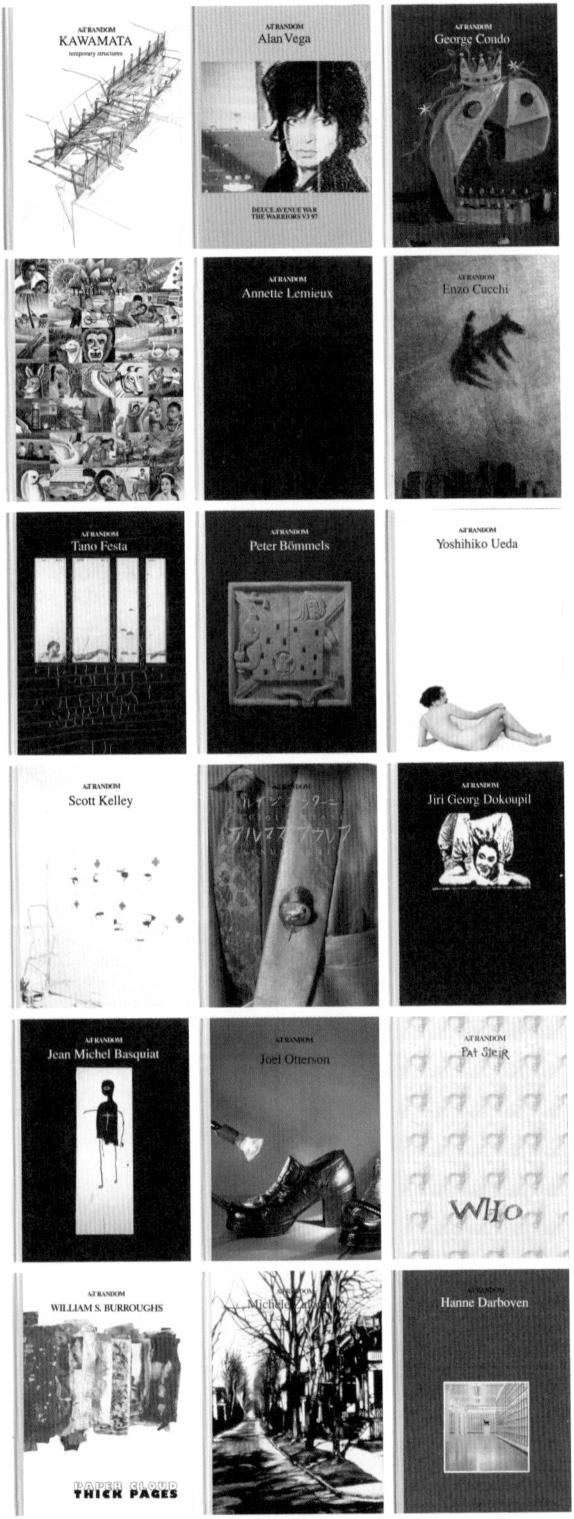

「方便性不是我們使用個人電腦的唯一理由，而是要透過新工具催生新的思考。」聽了真不爽呢（笑）。

會說這種話的人，大多是大學講師、企業研究者之類的。安穩地領薪水、待研究室，然後還說那些有的沒的。我們可是想要設法降低照相排版的成本、做出便宜的好書，基於如此切身的理由才自掏腰包引進那樣的器材。我們跟絕境之間的距離和他們天差地遠。

這些人跟大學裡頭那些悠哉議論「藝術是否已死」的大藝術家、大評論家完全一個樣吧。有時間說那些五四三，還不如多畫一張畫。在那陣子，我對學院體制的厭惡就已經確立了。

沒錢才辦得到的事

在京都住兩年，認識各式各樣的人也和許多店家培養出感情後，我開始覺得「這樣下去不妙」（笑）。生活不奢侈的話花不到什麼錢，主攻學生、可自在入店的居酒屋也非常多。要是在那種店裡每晚跟朋友一起喝酒，把「真想做有趣的事」掛在嘴邊，十年轉眼就過了。實際上，在那裡落地生根的外國老嬉皮或自稱藝術家的大叔可多了。

因此我在第三年回到東京，幫《ArT RANDOM》系列收尾，也做一些零星的案子。漸漸地，我認識了許多年紀小我一輪的朋友。當時我在時尚業界的友人很多，交友圈是從那裡往外擴散的。不過在業界底層工作的年輕人，大多口袋空空（哎，我當時也才三十多歲就是了），和他們一起吃完飯，問起「要不要續攤」時，經常會演變成：「那就在住的地方喝吧。」因為比較不花錢。

就這樣，我開始會到這些年輕人的公寓去。他們住的房間當然很狹窄，就算裡頭放著時髦的衣物，內部裝潢也搆不著時髦的邊。但不知為何，我越來越覺得縮在這種地方喝酒非常舒暢。比待在雜誌會報導的那種奢華客廳還要舒暢許多。

接著我問起他們的生活狀況，回答不外乎是「每週打工兩天，剩下五天在練團室練習」、「稍微接點模特兒工作，其餘時間畫畫」之類的，令人非常感興趣。這些年輕人也許是世俗眼光中的「輸家」，也許很讓父母擔心，但我越看越覺得就某個角度而言，他們的生活是非常「健康」的。收入沒多少，但不會去做真的很討厭的事情，以此為生存之道。與其勉強去住租金較高的房子、搭客滿的電車通勤，還不如搬進租金不會造成負擔的狹窄房間，不管去玩或去工作都靠徒步或腳踏車解決。家裡沒有書房也沒有餐廳，但附近就有圖書館或喜歡的書店、朋友開的咖啡廳或酒吧，把街上當作房間的延伸就行了。

像那樣的房間、那樣的生活，如果只收集個十組寫成報導，大概只會被歸類為「邋遢房間趣聞」，但如果收集個一百組，也許就會產生不同的意義吧？這正是《日常東京 TOKYO STYLE》[2]問世，以及我成為攝影家的契機。

這個計畫其實有前人打下的立足點。當時世界各地方非常流行命名為「某某Style」的時髦室內設計攝影集，例如《PARIS STYLE》、《MIAMI STYLE》之

2 台灣版由大田出版社出版。

類的。這一系列「STYLE 攝影集」的作者是紐約知名記者蘇珊・斯萊辛（Suzanne Slesin），她完成幾本書後接著想出《JAPANESE STYLE》，於是和英國的美術總監、法國的攝影師一起飛過來，拜託我找可拍攝的住宅。她是我朋友的朋友，之前也在《BRUTUS》上報導過各種住宅。

於是我找了各式各樣他們看得上眼的時髦住宅，總之過程實在辛苦得不得了。光是豪宅還不行，因為沒有「SYTLE」就不能刊出來（笑）。

我接著只好利用各種關係，不斷向人鞠躬求情，過程中開始思考，為什麼做起來如此困難重重呢？我沒什麼大富大貴的朋友是其中一個原因，不過事實會不會是「家裡布置得這麼帥氣的人，比我們想的還要少上許多」呢？數量少，找起來才那麼辛苦。

「STYLE」若翻成日文，就是「風格」。帶有該風格的事物繁多，風格才能成立。如果數量很少，構成的就不是風格，而是「例外」了。因此我們不是在報導「日本的風格」，而是不自覺地在塑造「日本的例外」。

那麼，大多數人過的非例外生活是什麼樣子呢？如果舉我那陣子來往熱絡起來的東京年輕人為例，那就是「居住空間狹窄，但還是過得很開心」的生活風格。

在那之前，大家都說日本人住的房間是「兔子小屋」，視之為落後象徵，但我認識的年輕人都不以狹窄為苦。他們不會逼自己做不想做的工作，藉此住進較寬闊的房間，而是本能地選擇了不勉強自己的工作，生活在狹窄的房間裡。

我因此有了一個強烈的念頭：下次真想做一本書介紹真正的 Japanese style！並逐一向認識的出版社提案。當時我根本無法想像自己拍照，主觀認定要是沒有哪家出版社提供預算，絕對不可能出版什麼攝影集。你想想，建築或室內設計的照片不是看起來都很專業、艱澀嗎？

後來，出版社一家一家拒絕了我，他們的看法都類似這樣：「只拍那些狹窄的房間是想怎樣？太壞心了吧。」

因此我一度放棄，心想，自己一個人是辦不到的吧。但我就算試圖喝酒忘了一切上床睡覺，忘不掉就是忘不掉。一旦開始在棉被裡頭想「這頁要是這樣做不知如何？收錄那人的房間也不錯吧？」就躺不住、睡不著了。

如此狀態持續兩、三天，我再也忍不住了，直奔友都八喜[3]向店家說：「請給我外行人也能用的大型相機組。」就這樣買了下來，儘管完全沒有拍照的經驗。

總之先請攝影師朋友教我裝底片的方法，然後我就開始四處跑了。我沒有車，所以是把裝相機的袋子放在中古摩托車的踏墊上，三角架背在背上。一般室內攝影會使用的大型照明器材我買不下去，因為太貴了，再說根本無法放到機車踏墊上。我只買了一個燈，塞進相機包內。

當時還是底片機時代，它們根本不可能像這年頭的數位相機一樣，在高感光度條件下照樣拍出好看的照片。我也沒有閃光燈，只好在昏暗的狀態下拍，曝光時間就得長達三十秒到一分鐘，像在明治時代拍照似的（笑）。如果碰到實在太昏暗的狀況，我就會在曝光過程中默數五秒到十秒，然後緩慢揮動手上的燈，藉此補光。書出版後，也不少人的評語是：「沒拍攝房間主人，反而激發讀者的想像力。」但其實不是不想拍，是沒辦法拍（笑）。總不能叫人家一分鐘不要動。

就像那樣，我用專家看了會憋不住笑的器材和技巧拍了又拍。拍照方法完全自學，所以失敗的次數非常多，但失敗的話只要在再過去拍一次就行了。那陣子我不斷接案寫稿，拿到錢就去買底片。

就這樣拍了三年，累積了將近一百個房間的照片後，我硬是拜託《ArT RANDOM》的出版商京都書院幫我出版，完成的書就是《日常東京 TOKYO STYLE》。我們按照最初的預謀（笑），採用跟《JAPANESE STYLE》等時髦室內設計攝影集完全相同的尺寸，也做成豪華感十足的硬殼精裝，讓書店誤以為是同一類書籍，放在同一區。似乎有不少外國觀光客真的買錯，整個傻眼（笑）。

最早的硬殼精裝版於一九九三年出版，定價印象中是一萬兩千日元！攝影集當中某些公寓的租金都比那數字少了！別人認為我們腦袋徹底有毛病，根本不覺得這種書會賣，卻意外引起話題。一段時間過後又推出了方便流通到海外的大開本平裝書，接著也出了文庫本。到這為止都還算順遂，但後來京都書院破產，過了很久才由筑摩文庫重新推出文庫本……。書的形式不斷變遷，現在看到它也會感到非常懷念。日後我的拍照技術或許進步了一些，但現在還能像那樣毫無顧忌

3 ヨドバシ（Yodobashi），日本連鎖大型家電、3C 量販店。

地拿起相機拍照嗎？自己也不禁懷疑。

先前提到我「硬是拜託」出版社出書，其實條件是領的版稅極少，印象中版稅率只有百分之三。而且借我拍攝住處的年輕人根本買不起這麼昂貴的書，所以我乾脆把初版版稅全部投下去，買了一百多本書，包下位於池尻的一間俱樂部舉辦「出版紀念派對」，招待所有讓我拍攝住處的人過去玩，並送他們一本書。那晚真是有趣極了！

你想，自己的房間看照片就認得出來，但書中沒有屋主照片，看到其他頁也不會知道房間主人是誰。於是大家就會打開書，問我「這是誰的房間」之類的。追問對方為什麼想知道？就會得到「因為拍到了我一直在找的唱片！」等回答。應該有不少人就這樣在派對上結識吧。我的版稅因為這場活動歸零，後來書又再刷了幾次，但出版社一再對我說「版稅入帳請再等一下」，說著說著他們就破產了。許多年後筑摩文庫推出文庫本，我才拿到版稅。京都書院曾授權加州的出版社推出英文版，但授權金也被他們拿去了。

現在回想起來會覺得自己從那樣的經驗中學到了一課。那次之後，我就開始

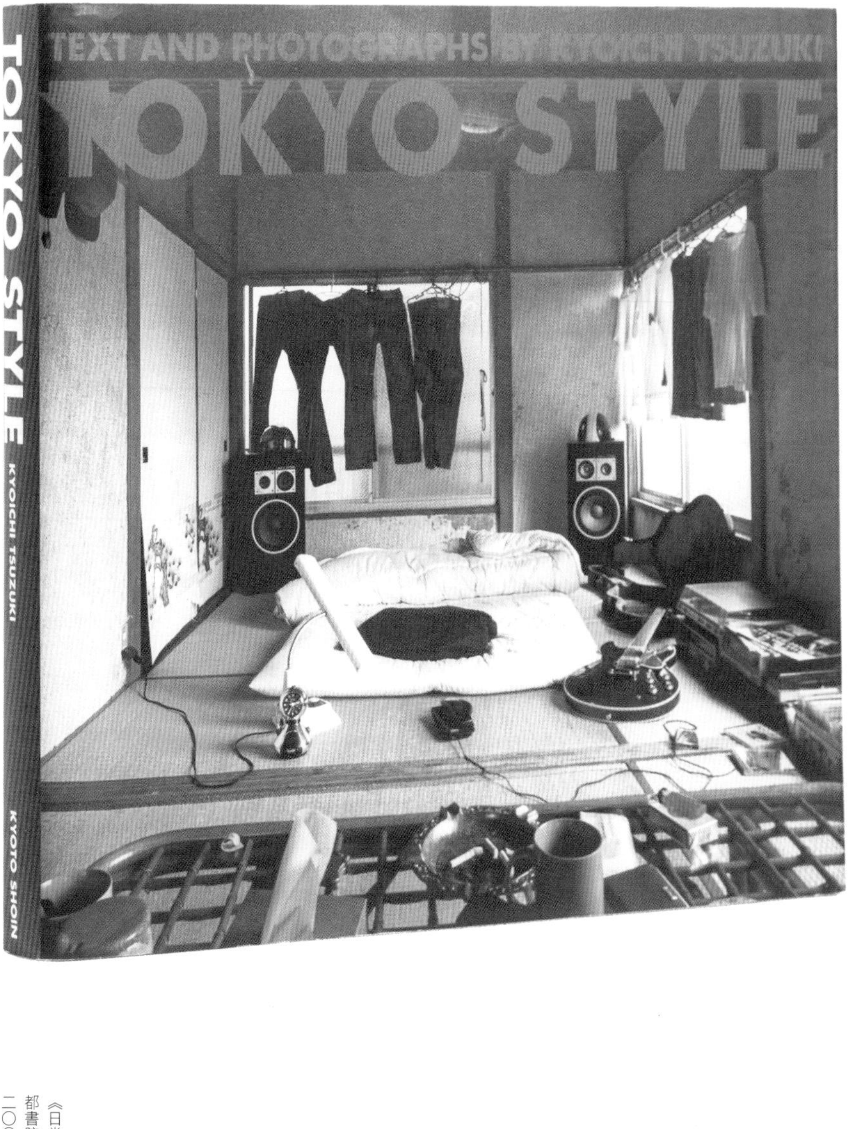

《日常東京 TOKYO STYLE》（京都書院，一九九三年／筑摩文庫，二〇〇三年）

above: A tiny sink. The glass case is from an old doctor's office by way of a second-hand store.
below: The entryway. No shoes here—they're left at the main entrance—this is an old-style slippers-only building.

上：小さな流しがついている。古道具屋で見つけた医療用ガラス戸棚を食器入れに使用。
下：入口。ただし靴はここでなく建物の入口で脱ぐ昔ながらのスタイル。

ROCK 'N' STOCK CHOCK-A-BLOCK

A young woman, a music enthusiast who part-times in a bar, lives alone in this three-*tatami*-mat one-room, overflowing with clothes and fashion accessories and cassettes. The old wood-and-plaster apartment has no private bath and only a share-toilet, but she's friends with everyone on her floor. Some drop by the bar where she works every night, so there's a comfortable, somehow communal atmosphere here. All residents take their meals in the apartment with the largest kitchen and use the sunniest apartment for their sunroom. Very easy-going.

三畳間のロック・ラウンジ：音楽が好きで、バーで働きながら三畳ひと間の小さな部屋を借りてひとりで暮らす少女。狭い空間は大好きな洋服やカセットテープやアクセサリーで溢れている。古い木造のアパートで風呂なし、トイレ共同という物件だが、同じ階に部屋を借りている全員が友人同士。毎晩のように彼女の働くバーで顔を合わせるメンバーでもあり、アパートはさながら小さなコミューンといった気楽な雰囲気に満ちている。いちばんキッチンの大きい部屋でみんなで食事をし、陽当たりのいい部屋はサンルームに、といった具合で居心地よきことこのうえなし。

above: Wide-angle from the entryway. Plenty of sunlight, but there's obstructions to the view.
right: With so much clothes space above the bed, who needs a dresser?

上：入口から部屋の内部を見る。陽当たりはよいのだが、窓の前に障害物が多い。
右：ベッドの上にはたくさんの洋服コレクションがこのとおり。これなら洋服箪笥はいらない。

68

「三張榻榻米大的搖滾交誼廳」
喜歡音樂，在酒吧工作的少女住的三疊大房間。（摘自《日常東京 TOKYO STYLE》）

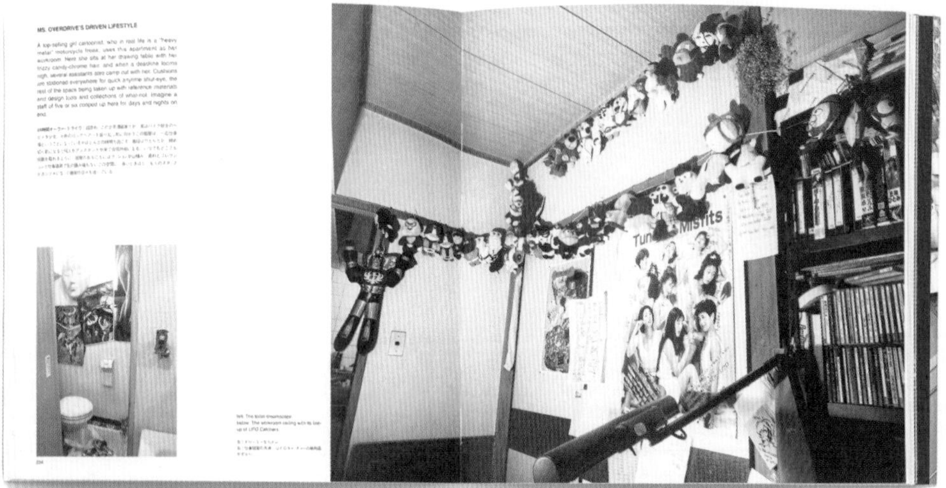

MS. OVERDRIVE'S DRIVEN LIFESTYLE
A top-selling girl cartoonist, who in real life is a "heavy metal" motorcycle freak, uses this apartment as her workroom. Here she sits at her drawing table with her frizzy candy-chrome hair, and when a deadline looms high, several assistants also camp out with her. Cushions are stationed everywhere for quick anytime shut-eye, the rest of the space being taken up with reference materials and design tools and collections of what-not. Imagine a staff of five or six cooped up here for days and nights on end.

HOMMAGE TO HOW-MUCH-TO-THE-SQUARE
A three-tatami-mat one-room where lives this DJ trainee. While he has, of course, neither private bath nor toilet, the ¥27,000 monthly rent and walking distance to gigs in Shinjuku are certainly attractive. He uses this room to make record selections, record tapes and practice musical instruments. The room is wholly lacking in storage space, so he makes the maximum use of all floor, wall and ceiling space to display his possessions. Living on a time schedule completely the opposite of most people, he relies on a pocket beeper instead of a telephone. When paged, he can rush to a nearby public phone—or just forget it if he doesn't feel like it. Either way, it's a cheap solution.

上：「二十四小時高速行駛」喜歡機車也熱愛重金屬的少女的工作室，她的職業是少年漫畫家。

下：「豐饒方丈」少年ＤＪ學徒住的三疊大木造公寓房間。

（皆摘自《日常東京 TOKYO STYLE》）

抱持契約、金錢方面也得搞好才行的想法了。出書前我幾乎只領不需要一一談條件的雜誌稿費。再說，創作者自己開口交涉稿酬、談錢的事，感覺有點討厭對吧？大概沒有人喜歡做這件事吧，我也不例外。但經驗使我痛切地體認到，不管對方會怎麼看待你、事情有多難以啟齒，你都得好好開口，不然日後只會有不愉快的下場。如果突然談起稿費、版稅等金錢方面的問題，會不會壞了編輯或出版社的心情？有人也許會擔心這點，但聽到你談錢就不爽的出版社不會是什麼好東西，別和他們合作才是比較安全的。所以說，金錢的話題也許可當作有效的事前測試。仔細想想，世界上幾乎所有工作都會在一開始談妥「這樣子多少錢」，這才是理所當然的做事方法。

《日常東京 TOKYO STYLE》和《JAPANESE STYLE》還有一個差異，那就是幾乎不需要跟住處主人做事前交涉或約拍攝時間。

拍有錢人的家，經常會遇到要命的狀況。「從這裡開始不能拍」，或者放一個顯然平常不會放的盆子，裡頭放鮮花或堆積如山的水果，然後向採訪方索費，或者要求檢查拍好的照片。

然而，《日常東京 TOKYO STYLE》幾乎只靠隨機應變就完成了。認識某人後，以他為圓心往外擴散，沒費什麼工夫就找到能找到下一個拍攝房間，因此我更加確信：樣本有這麼多，所以才容易找，也才能稱之為風格。

比方說，我有時會去初次見面的人的家裡拍攝。他們的住處多是四疊半或六疊之類的小房間，如果他們待在裡頭，怎麼拍都會入鏡。這時我就會給他們一千日元左右，提出請求：「不好意思，能不能請你拿這錢去外頭喝喝茶，窩兩個小時？」然後對方就會回答：「好啊！」明明是第一次見面（笑）。而且偶爾拍攝的會是女孩子的房間，我當然不會去亂翻她們的衣櫃或洗衣籃就是了。

有次我滿頭大汗地在拍照，結果屋主在門口旁邊三十平方公分大的水槽前不斷發出喀噠喀噠的聲音。我心想，到底在做什麼啊？結果他說：「我在煮義大利麵，要吃嗎？」有次甚至發生這樣的事。拍攝結束後，我問：「你還有沒有其他朋友住這棟公寓？」對方答：「呃……隔壁我也認識，過去看看吧。」結果敲門也沒人回應。雖然沒人在，但我的拍攝對象卻說：「他房間都不上鎖的，你儘管拍沒關係，我之後再告訴他。」該說是沒防心，還是天真無邪，或溫柔體貼呢？

這種體驗讓我感到非常新鮮、正向，也開了我的眼界。再說我也不是懷著邪念拍照，而是認為「這樣的房間也很棒！」才按下快門的。原來這樣的想法不用說出口，也能傳達給別人呢。

一本書通常會附讀者回函。一般情況下，很少會有讀者真的寄回去給出版社。如果有贈品企畫的話是另當別論。不過《日常東京 TOKYO STYLE》收到的回函意外多。

尤其醒目的是，非都會地區的年輕讀者捎來了許多大意是「東京原來是這樣的地方啊！我安心了」的訊息。當時是都會連續劇全盛期，電視上出現的「東京年輕人的房間」全是鋪木頭地板的套房，裡頭放著大型的置地式電視……等等假到不行的室內裝潢，而且《Hot-Dog Press》之類的雜誌還不斷在市面上散播「不住這種房間，女孩子就不會來玩喔」之類的煽動性報導。

非都會地區的年輕人原本已經放棄，心想「這種生活我過不了」，看了書才發現「原來是這樣啊！」還有人寫「我過得還比較舒服」或「我決定立刻去東京！」

等等的，先別激動啊（笑）。

如今資訊在網路上如此大範圍地擴散，非都會地區的居民反而能在ＩＫＥＡ之類的地方買到便宜又時尚的傢俱。在這樣的環境下，你很難想像當時的東京和非都會地區的資訊流通確實存在著時間差。媒體報導「例外型東京」，製造謊言，而這謊言經過何等地美化，在非都會區年輕人心中種下的次等感是何等地無謂，我都切身感受到了。我在當時就注意到「大型媒體的欺瞞」，對我自己有很大的幫助。

《日常東京 TOKYO STYLE》是我第一本攝影集。我不僅是編輯，也首度成為作者，做了「徹頭徹尾都屬於我」的書。我現在認為自己編輯人生最大的轉捩點，就是當時因企畫難產，最後只能完全自掏腰包、自己拍照這件事。

如果當時某家出版社收下了這個企畫，雇用攝影師來拍照或要求我在雜誌上連載的話，我就不會是現在的我了。因此，《日常東京 TOKYO STYLE》就是我的原點，不容置疑，它也催生了我的確信：沒有工具、技術、預算也好，旁人不贊成你的想法也罷，這些都不構成問題。只要你的好奇心、構想、緊追不放的能量多到滿出來，其他環節之後都會跟著到位的。

第 3 章

為何是「ROADSIDE」？

鄰近的現實是很有趣的

雜誌也好，電視也好，通常報導的題材都是「不尋常之物」吧（笑）。非常豪華的宅邸、高級旅館、奢侈的大餐、美艷的女人、根本不存在你我身邊的大帥哥、一輩子都沒有機會開的車。那沒什麼不好，只不過我的朋友當中沒有那樣的人，也沒有那樣花錢的人。

這時候要是能切割開來看倒不會怎麼樣，他們是他們，我們是我們。但有些人往往會因此認為自己比較低下，覺得「自己實在無法變成他們那樣」。這種結構令人十分火大。

接下來的事情，我在談《日常東京 TOKYO STYLE》的時候稍微提到過。某些雜誌會刊出帥氣的住家照片，介紹成「受歡迎男性的房間」。其他像傢俱、穿搭、買車的選擇也會用同樣的方式包裝。

讀完那種報導再環顧自己房間一圈，一定會唉聲嘆氣吧。自己的收入不夠好，無法住那麼帥氣的地方。有的人會想：既然如此，那就讓某個角落奢華一下吧，然後試著買個高價沙發。如此一來，傢俱店的業績就會變好，願意再投入廣告費給雜誌。雜誌賺了錢，就會再做一樣的報導。講難聽點，他們完成的是一個坑殺讀者的循環。我不會說這是百分之百不對的事，但在那個循環之外開心生活的人也是存在的，而且搞不好在世上占大多數。我只是想讓大家看看所謂的「其他可能性」罷了。那種可能性不會存在於「特別的地點」，只會在「ROADSIDE」。也就是到處都有。

室內設計雜誌會報導的那種房子的居民，其實是少數派。每日每夜都費盡心思在挑衣服、挑鞋子的時尚人士也是（笑）。每天晚餐不配精選紅酒就吃不下飯的美食家，一樣是少數派。我們這些多數派為什麼非得以少數派為指標呢？為什麼非得比其他人還要高一級呢？

放眼日本，國土的百分之九十都是「非都會地區」。百分之九十的國民都不是有錢人，也不是容貌特別標緻的人。媒體卻只要我們以剩下的百分之十為目標，到底是為什麼呢？從那時開始，我就經常思考這問題。

媒體散布的假象之外，存在著廣大的現實。在《日常東京 TOKYO STYLE》的採訪過程中，我才第一次有了接觸到那個現實的真實感，漸漸看得出那就是我該前往的方向。

游移，才能讓人逮住你

《日常東京 TOKYO SYTLE》出版後，我的下一步是把目光放到非都會地區的「ROADSIDE」。某天我和當時扶桑社的《週刊SPA！》總編一起喝酒，聊到「日本鄉下有大青蛙雕像等等怪玩意兒對吧」，氣氛整個變得很熱烈。於是我們想，要是收集那樣的玩意兒也許會很有趣，也就真的是用差不多這麼輕率的節奏談成了一九九三年啟動的連載「珍奇日本紀行」。

當時還沒有網路存在，市面上也完全沒有這種路線的導覽手冊。我們一開始甚至無法想像偏遠地區到底有多少珍奇景點，因此原本預定的是短期連載。「嗯，大概三個月左右吧。」結果一踏上採訪之路……不得了了，好多好多。

我在《POPEYE》時也好，在《BRUTUS》時也好，工作分配上算是跑海外線的，日本國內我只知道京都之類的有名觀光聖地或滑雪場，因此去毫無相關資訊、不曾到訪過的鄉下地方繞，感覺就像去了「日語會通的國外」，真的非常刺激。這並不是在嘲弄鄉下地方，而是在形容我的震驚程度。先前我根本不知道秘寶館[1]的存在，在東京也沒看過汽車「代駕」服務。

我採訪到渾然忘我的地步，不知不覺就過了五年。集結連載內容出版的《ROADSIDE JAPAN珍奇日本紀行》成了厚厚一大本攝影集。連載結束後，我還一個人努力不懈地繼續採訪，在二〇〇〇年推出兩本一套的增補修訂文庫版，

1 展示情色藝術的性愛博物館。

增加的介紹地點應該有一千個以上。順帶一提，這本攝影集連設計都是我自己做的，儘管我本來根本沒有相關經驗。與其說是懷著「好想自己做！」的心情，不如說，向設計師一一說明每個地方有何獨到之處實在太辛苦了，而且抓得到我感性的設計師真的存在嗎？這點也讓我很不安。當時已經有不少蘋果電腦也可安裝的設計軟體問世，因此排版沒有我想得那麼困難。不過我搞不好給了印刷公司不少脫離常識的指示，令印刷公司困擾不已。

做《日常東京 TOKYO STYLE》時還可以靠輕型機車在東京都內四處移動，但要去非都會地區就行不通了。因此我請朋友介紹二手車行給我，提出請求：「總之給我堅固國產車中最便宜的。」對方就用十二萬日元的價格賣了 Matsuda 什麼什麼的轎車給我。後來車行的阿姨又說，從停車場開出來時稍微擦撞到了，算你十萬就好（笑）。日後換了許多車，但還是最懷念它。雖然車上有音響（只能放錄音帶），但喇叭的錐盆破了，吉米．罕醉克斯（Jimi Hendrix）音樂放下去倒是很棒！

當時汽車導航系統才剛上市，價格高到下不了手，我只好將道路地圖塞在方向盤和肚子之間，東北也好、九州也好全部照去不誤。大致上會決定好一個區域，比方說「這個月就去石川縣一帶」，然後走高速公路前往，抵達後只走平面道路。因為如果不這樣，什麼都找不到。

這年頭只要搭新幹線或飛機過去，然後在當地租車就行了。但當時連租車都不便宜，更要緊的是，當時還是普遍使用底片機的時代，我會將4×5大型相機到單眼相機等自己擁有的全部器材塞進後車廂，再買一大堆底片放進保冷箱，然後不論是天涯海角都自己一個人開車前往。長距離移動的話，會在高速公路的休息站小睡。

即使在當時，這種採訪方式在一般週刊之間仍算是特例。截稿日通常很嚴格，所以會讓編輯、攝影師、文字寫手組成團隊，事前進行各種規畫，這才是常態。不過，我要做的主題根本沒人做過，所以根本無法事先擬好計畫（那時的鄉下地區旅遊指南只有《RuRuBu》），日期不能先排，也不能請專業攝影師。但如果是一個人踏上旅程，一個人開車、拍照、寫文章的話，多多少少生得出東西。因此純粹基於這種經濟方面的理由，我那時候一向自己拍照、寫文章，後來我的工作大致上也都是採取這種形式。

經常有人問我：「你是有所堅持，所以才全部自己來嗎？」但完全不是那麼一回事。我沒受過正規訓練，即使到了現在，拍照時還是會懷疑有沒有拍成，為此擔心（底片時代更是嚴重）。說實話，我很想把出差的行程安排或拍照等工作交給別人，自己專心採訪、做下一個地方的事前調查就好。但我沒有組成團隊做事的預算。一個人做做得成的話，那也只能做下去了。還好目前為止都還沒邊開車邊打瞌睡撞死在路上呢，我說真的。

做《日常東京 TOKYO STYLE》時輕輕鬆鬆就能找到拍攝對象，但《ROADSIDE JAPAN 珍奇日本紀行》得配合週刊雜誌截稿，蒐集題材的過程非常辛苦。而且我是用底片機拍照，回東京還得花時間洗出來。

電視上的旅遊節目會有地方餐館的老闆、旅館的女性侍者、搭同一班各站停車列車的人（笑）告訴你：「某某地方很有趣喔。」我起初也……不至於相信那套（笑），但會設法住進歷史較悠久的旅館而非商業旅館，以為可以問到各種情報。

當時的旅館，討厭單人旅客的傾向很強烈，嗯，不過我還是透過地方旅遊導覽中心協調，硬是住了進去，然後和送食物來的女性侍者交談。

「這附近，有沒有什麼好玩的地方呢？」

「討厭，您真色！」

「不，不是這樣的！」

「那您是想去什麼樣的地方呢？」

「比方說……秘寶館之類的。」

「就說嘛！」

對話總是會像這樣發展，徹底碰壁。

請想想，如果你老家隔壁第三棟建築是秘寶館，而你母親二十年來不斷對你說「不准去那種地方」的話，你只會對它視而不見吧。它對你來說就跟不存在一樣。

因此，當地人未必最了解他住的地方。雖然東京聚集了來自各方的人，但問他們故鄉哪裡好玩，他們還是不知道。因為他們正是認為故鄉無聊，才費盡千辛萬苦跑到東京的。

我清楚記得自己最早前往三重縣鳥羽秘寶館的狀況。當時不知道位置的我，到了站前的觀光導覽中心問：「秘寶館在哪裡呢？」結果對方答：「不清楚耶～」完全問不出個所以然。真怪，我心想，結果一走出導覽中心發現秘寶館就在旁邊！可見他在裝傻，因為那不是他們引以為傲的知名景點。

於是，我開始採訪後很快就放棄仰賴當地人的念頭了。盡量不住日式旅館，而是住商業旅館，吃飯都吃外食，徹頭徹尾靠自己的雙手去挖掘。放在旅館櫃檯旁的觀光景點傳單，我也會一一收集。

找不到可報導的地方就不能回去。我挺常碰到明天非得回東京不可，卻完全找不到題材的危機。懷抱著絕望的心情不斷在國道上開車奔馳，到最後的最後一刻才冒出一個看板：前方五公里，純金大佛！

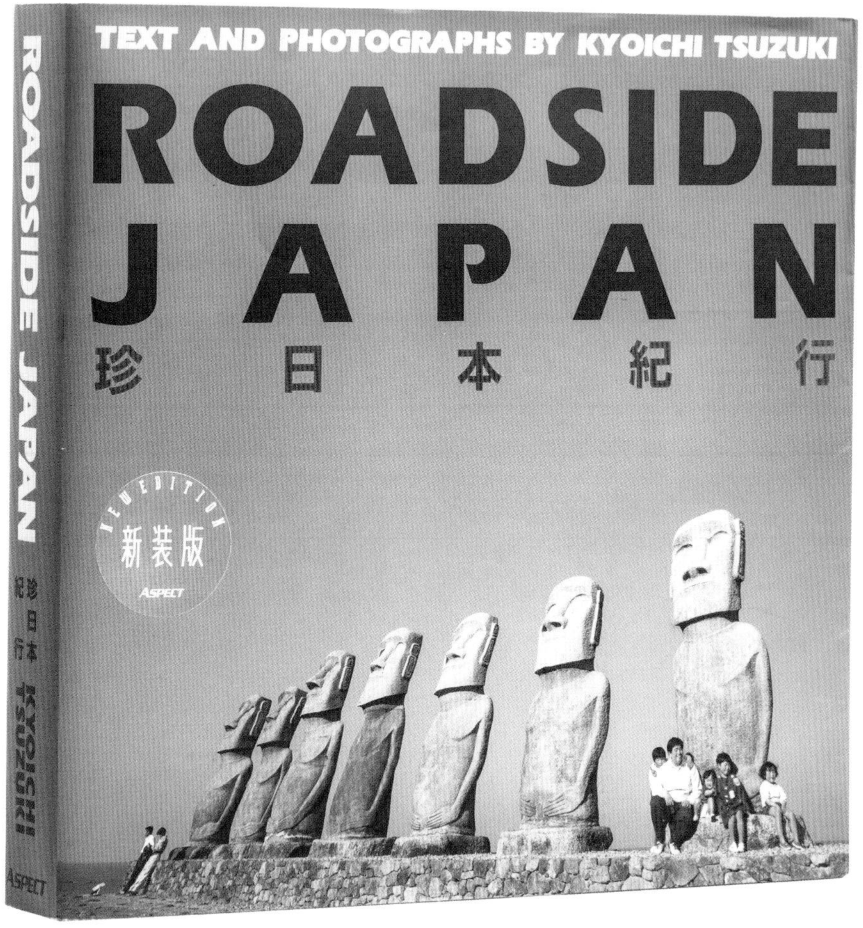

《ROADSIDE JAPAN 珍奇日本紀行》（Aspect，一九九六年／筑摩文庫，二〇〇〇年）※照片中為新裝版

「純金賜福 World」大觀音寺
三重縣榊原溫泉，出自《ROADSIDE
JAPAN 珍奇日本紀行》

上：「腫包之神與庶民站在同一陣線」石切神社　大阪府石切
下：「寄望胸部繪馬之女的業障」乳神大人　岡山縣清音
（皆出自《ROADSIDE JAPAN珍奇日本紀行》）

起先我以為自己似乎還滿擅長找那類景點的，但出乎預料的邂逅一再發生，有天我才突然醒悟：不是我找到對方，而是我被對方找到。我並沒有發現什麼，只是被「叫」了過去。聽起來或許很奇怪，但我漸漸相信事情就是這樣。

就以坐擁純金大佛的寺廟為例吧，那裡當然沒什麼客人。背相機在空空如也的寺廟境內站著站著，彷彿會有人拍我背後一把，用不成聲的嗓音說：「我也在努力，所以你要往前走啊！」

光是停留在原地，不會遇見什麼新事物。傍晚在九彎十八拐的山路上開車開累了，再撐三十分鐘就能抵達溫泉街好好休息的節骨眼上，突然發現路邊電線桿綁著手寫的立式看板：「鄉土天才畫家．個展開放中　免費進場！」

斜瞄個一眼，開始對自己搬出「反正押不中的啦～」或「山路上沒地方可以迴轉掉頭」之類的藉口，開始想吃飯、泡澡的事。但過了五分鐘左右還是在意得不得了，硬是掉頭繞回去看看。當然了，這種情況下百分之九十九會希望落空，但有時也會遇見百分之一的幸福。這種機會總是在我最不想繞到其他地方的絕妙時機出現，而這時的勝負關鍵就在於，心想「八成會希望落空吧」並哀嘆的同時，我願不願意掉頭回去。

經常有人問我：「發現有趣地點的訣竅是什麼？」但其實我只有「不斷跑」一招而已。要是真有訣竅，我才希望別人告訴我呢。

《ROADSIDE JAPAN 珍奇日本紀行》曾被擺在書店的攝影集或旅遊書區，還有次文化區，《日常東京 TOKYO STYLE》則比較常擺到室內設計區，跟《優秀太太的收納術》放在一起（笑）。書店要怎麼擺我無法左右，不過這兩本書的出發點在我心中是完全相同的。

有一種生活極為普通，在媒體眼中也許毫無可取之處，但它就是完好地存在著，不會讓任何人蒙羞。我在東京這座都市的室內發現了這種生活，做出《日常東京 TOKYO STYLE》；將範圍擴大到日本非都會區，並在戶外探求到的此類生活面貌則收錄在《ROADSIDE JAPAN 珍奇日本紀行》當中。

書名中另有「珍奇日本紀行」幾個字，因此有人認為它是珍奇景點蒐集的先鋒。但對我來說《ROADSIDE JAPAN 珍奇日本紀行》呈現出的是一大片風景，構成它的一個個路邊景點都是一種「場所」，讓我們得以在媒體或高級知識分子硬塞過來的價值觀的外側，過著合乎本性的……或者說只有我們自己才了解的、合乎本性的生活。介紹一個個景點的珍奇性反而是次要的。

透過《日常東京 TOKYO STYLE》，我想消除狹窄公寓居民心中矮人一截的感受，同樣地，我做《ROADSIDE JAPAN珍奇日本紀行》時有一個很強烈的想法，就是希望那些認為「不去東京是行不通的，但自己沒那個能耐吧」的非都會地區年輕人讀完書後，能稍微修正他們對腳下土地的看法。

只報隨處可見的事物，隨隨便便都去的地方

「ROADSIDE JAPAN」是《週刊SPA！》的連載專欄，每逢黃金週、暑假、年假等時間點就會推出「假期特別報導」，介紹亞洲或歐洲的珍奇景點。我總是

一個人旅行，出國也花不到太多經費，算是個優點。

日本有金閣寺這種名剎，也有以純金大佛為賣點的無名寺廟；同理，泰國有黎明寺這種知名觀光景點，也有耗費心思打造地獄庭園，但完全沒人要來的無名寺廟；歐洲有著名的羅浮宮博物館，也有館藏毫無重要性、沒半點知名度的私人博物館。就跟日本一樣，當地媒體持續忽視那些地方。不僅日文的旅遊指南，連當地的出版品也沒提到它們。

我在亞洲也走了不少路，中國到緬甸都去過，而且在《週刊ＳＰＡ！》前總編創刊、現已停刊的《PANjA》（扶桑社，一九九六年停刊）上還做過澳洲特輯。希臘在內的歐洲諸國我也去了好幾個，連載結束後還自掏腰包繼續去旅行，最後將採訪內容整理起來，在二〇〇四年出版了厚厚一本《ROADSIDE EUROPE 珍奇世界紀行（歐洲篇）》（珍世界紀行　ヨーロッパ編），售價五千八百日元。旁人經常說「太貴了！」（每次出書都被說），但這樣賣應該也只能勉強回本而已。日本國內並沒有這類型的書，而且就連歐洲也沒有。

亞洲也好，歐洲也好，有許多地方是我這個不了解當地狀況的外國人不可能

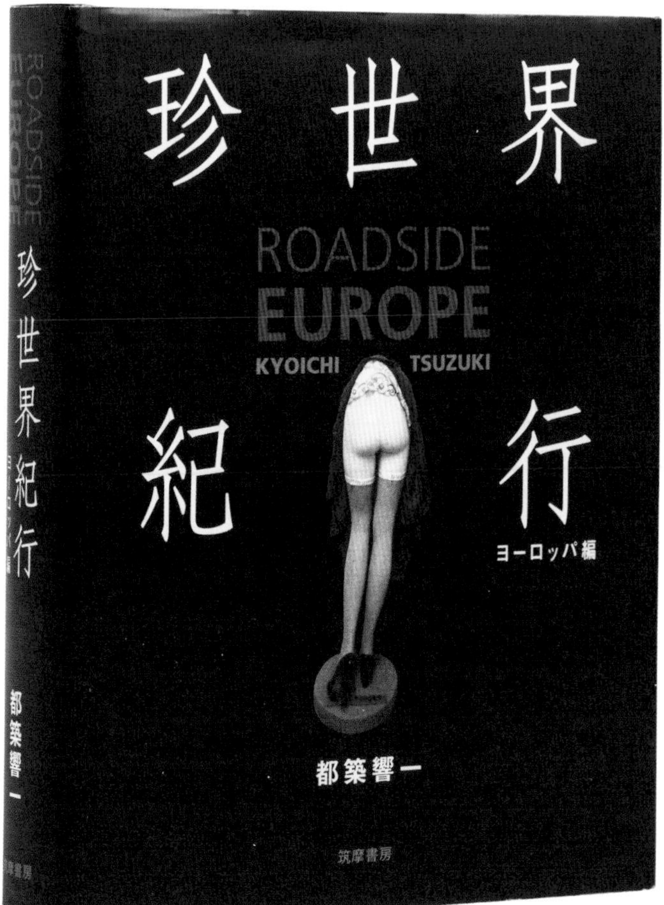

《ROADSIDE EUROPE 珍奇世界紀行（歐洲篇）》（筑摩書房，二〇〇四年／筑摩文庫，二〇〇九年）

上：「業餘標本師華特・波特的奇異標本收藏」英國
下：「十字架山丘」立陶宛（皆出自《ROADSIDE EUROPE 珍奇世界紀行 歐洲篇》）

貿然租輛車就跑過去晃的，語言也不通，嚐了相當多繞日本鄉下時沒碰到的苦頭。

一般情況下，那正是讓統籌人員登場的時機，但我當時堅持一個人旅行，只會在語言徹底不通而傷透腦筋時，拜託旅館櫃檯或信用卡公司分店幫我租車，並一併聘請時薪制的口譯或司機。（在無網路時代，AMEX等公司的國外分店是排旅遊行程不可或缺的服務據點，從訂機票到換外幣的服務都有。）因此，常常去某些地方採訪時完全沒跟當地人說到話就回來了，只收集了一些小冊子，找能讀給我聽的人，或向東京大使館打聽情報。

溝通是採訪的基本，如何讓受訪者敞開心胸是最重要的一件事，不用說各位也知道。畢竟我不是搞廣告製作的，所以幾乎無法提供答謝金。

但從以前開始，大家就把「深入受訪者內心」這種看似非常有道理的方法掛在嘴邊。杯觥交錯，偶爾吵起架來，或者一起流淚，然後才能聽到對方的真心話……我很討厭這一套呢。

從雜誌編輯時代我就一直想，交心是王道的做法，但大概也有其他方法吧。

為什麼呢？搞不好我其實個性很怕生（笑）。

我為了《ROADSIDE JAPAN珍奇日本紀行》去了各種地方，起先會很規矩地說明來意：「我們是週刊雜誌，想進行採訪。」《週刊SPA！》在非都會地區完全沒有知名度，所以要說「以前的《週刊產經》」對方才會有反應：「請進請進。」

還不知道報導寫不寫得成，他們就非常詳細地向我說明，簡直可說是熱心過了頭，連平常完全不打開的房間都開給我看。「什麼時候會刊出來？」萬分期待地問完還說：「鄉下地方什麼都沒有，我叫份壽司來吧。」好不容易婉謝掉準備回家時又被塞了一個信封：「至少讓我出個菸錢吧？」打開一看發現裡頭裝著現金……我當然不可能收就是了。

對方並沒有惡意，只是認為大眾媒體就該如此應對。只要像那樣搬出媒體的名目，就能去普通人去不了的地方、看他們看不了的東西。但那種「特權」跟我不對盤，或者說我無法習慣它。因為用那種方式採訪、報導的事物，一般人是看不到的，想去看也去不了。

後來我漸漸開始想，有沒有辦法不走那種路線，而是靠一般人老老實實付入場費就能看到的東西、聽到的消息來寫報導？

因此，《ROADSIDE JAPAN 珍奇日本紀行》報導的地點當中，事前取得採訪許可的不到一成，另外九成都是擅自攝影、擅自刊載，直接就印到週刊上。不過幾乎沒接到抗議。印象中是介紹伊豆戀人岬那次，有個阿姨打電話到編輯部說：「我在美容院讀到這篇報導，裡頭有我女兒和我不認識的男人在戀人岬比『耶』的照片！」她氣得半死，但氣的不是我們擅自刊出照片，而是氣呼呼地問：「那個男的是誰啊！」（笑）。一篇報導是基於善意或惡意製作的，讀者清楚得很。

會去的笨蛋，不去的笨蛋

《ROADSIDE JAPAN 珍奇日本紀行》告一段落後，文藝春秋的編輯找上了我。以前我曾經在文藝春秋旗下雜誌《馬可波羅》（マルコポーロ）（是的，它也停刊了）進行一個專欄連載，叫「學舌創作者天國」（サルマネクリエーター天

国）。話說它有一段受難史……連載原本是在《BRUTUS》開始的，主旨是：「廣告、傢俱設計也好，J-POP（日本流行樂）也好，自稱創作者但只是在抄襲別人的傢伙也太多了吧。」這是一個得舉出實例、實名的企畫，風險非常大。因為是要指出例如某海報和另一張海報長得一模一樣，當然不可能得到製作者的協助，害我年紀都老大不小了還擅自把車站貼的海報撕回家（笑）。

後來我有次把矛頭指向豐田汽車的廣告，結果 Magazine House 被威脅說「你們以後再也接不到豐田的廣告了」，雜誌只好腰斬這個專欄。而《馬可波羅》就在這時邀我直接把連載移過去。雖然從雙週刊變成月刊，但我心想，既然是文藝春秋，應該不會輕易屈服於威脅吧。結果他們卻刊了一篇「納粹毒氣室並不存在」的誇張報導，不斷接到抗議，導致雜誌停刊。（文藝春秋的社長好像也因此辭職了。）最後專欄轉移到一本小規模的美術雜誌《Prints21》（プリンツ 21）上，結束時總共刊載了四十七回，從一九九二年持續到二〇〇二年，共十年。雙週刊↓月刊↓季刊，雜誌的發刊速度變慢，發行數也少了一個又一個零（笑）。

順帶一提，我連載的專欄種類繁多，當中接到最多出書提案的其實就是這個

「學舌創作者天國」。有人提案我很開心，但專欄內有很多廣告之類的時事哏，過幾年後看就會無感了，所以我反而向他們提議：與其彙整舊內容，不如來做現在的「學舌」專欄吧！聽到這個所有人都抽手不幹，徹底失聯（笑）。

言歸正傳。文藝春秋的編輯說他們有新雜誌要創刊，要我幫他們寫點東西。什麼樣的雜誌？我問。對方答：「像《BRUTUS》的文化誌。」（就是後來的《TITLe》。）於是我拜託他讓我做一直很想實現的美國版珍奇日本紀行。

比方說，有一系列旅遊指南叫《地球的走法》（地球の歩き方）對吧，當中介紹歐洲的手冊非常多種。依照國家分的是基本款，另外還有「小村巡禮」之類的主題。不過美國只有紐約、波士頓、西海岸、佛羅里達和「南部」之類的大分類，就這樣沒了，現在大概有更多本吧。不過那幾個著名大都市在美國反而是例外式的存在，龐大的「美國」對我們來說仍是完全未知的。他們才是壓倒性的大眾。就像東京不是日本的典型，紐約也不是美國的代表。

音樂也好，電影也好，我的養分等於是源自美國文化，但我對真實的美國卻非常不了解。不只如此，越是菁英越看不起美國。明明美國這個國家或政府，跟一個個美國人根本是兩回事啊。因此我暗自懷有一個野心，那就是不管花幾年也無所謂，我一定要將美國五十州全跑一次，結果文藝春秋在這時向我提案，可巧了（笑）！

於是呢，嗯，我就說：「好耶，來做吧！」雜誌剛創刊，預算充足，因此起先我每個月都決定好一個州，飛過去探訪，但身體實在撐不住，大約第二年起改為一年去三、四次，一次待三個禮拜到一個月，然後探訪好幾個州。

這時我還是一個人上路，抵達機場後就租車開，到了傍晚就沿公路尋找當天過夜的汽車旅館，不斷反覆。後來從二〇〇〇年起，公司大概發現他們為了區區四頁報導花太多經費吧，總編每換一任就會拍拍我的肩膀說「差不多了吧」，但我緊咬不放：「當初是答應讓我跑完五十州對吧。」好不容易才撐完全程，花了七年。然後呢，《TITLe》在我連載結束的隔年，也就是二〇〇八年也停刊了……但願不是我害的（笑）。

當時網路已普及，可以做一定程度的事前調查，而且就在我上路採訪的前一刻，美國出版了一本書叫《ROADSIDE AMERICA》，它就像美國版本的《珍奇日本紀行》，我參考了不少裡頭資料。不過呢，果然還是有許多事情不去當地是不會知道的。我抵達一個城鎮後，第一件事就是去書店買地圖和當地旅遊指南。還有，星巴克之類的年輕人聚集地往往會放免費刊物，這也幫了我不少忙。不過在這裡也跟繞日本時一樣，最有用的就是汽車旅館櫃台旁邊放的當地觀光景點傳單。網路無法將那種區域性的資訊全部都涵蓋進去，而且也有很多珍奇景點沒架網站。

不過，美國的鄉下和日本的鄉下有很大的差別。日本非都會地區的居民當中，有相當多人認為住鄉下就是矮人一截，並不怎麼愛自己腳下的土地，懷有「還是東京比較好……」的想法。不過美國人完全相反。

我們日本人一旦變成大富豪，會想做什麼呢？大部分的人都會想盡量在靠近東京都心的地方蓋宮殿吧。但美國人會想在盡可能遠離人群的地方置產，房子蓋得越大越好，房間數越多越好。「鄰居在幾英里之外」是最棒的炫耀之語。因此有錢人大多在蒙大拿州或懷俄明州坐擁巨大的牧場，搭私人飛機上下班。

基於這樣的心理，美國人不會認為自己居住的城鎮人口稀少是件丟臉的事，反而引以為傲。駕車奔馳在公路上會發現，城鎮入口處大多會立「POP 1538」之類的牌子。一開始我不知道那是什麼，其實指的是該鎮人口數（population）。紐約大概是太大了，所以沒立那種牌子吧。最棒的是，「POP 1」的牌子真的存在。居民一人……也太少了吧！旅行途中我逐漸明白，在那種地方用自己的方式生活下去，是美國人心理的具現。

「瞧不起別人」的連鎖沒完沒了

傍晚一到，我就會尋找入住的汽車旅館，並繞到沃爾瑪（Walmart）那類大超市去買晚餐配菜。

起先我還會找「巴格達咖啡館」之類的「公路食堂」，但那種餐廳其實在美國已瀕臨絕種，要吃外食只有麥當勞、塔可鐘、必勝客等選擇。我發現每天吃這些對身體實在太糟了……於是途中買了小型攜帶式電鍋，開始會從東京帶免洗米和含高湯的味噌。

在鄉下要找好吃的餐廳很辛苦，但食材豐富。我會隨意買個魚、菜、肉，回汽車旅館房間後，先煮好白飯裝到其他容器去，接著燙肉和菜，然後再將味噌溶進燙了肉和菜的湯……為了進行這種「汽車旅館烹飪」，我不斷跑超市，對美國人會買什麼、吃什麼漸漸有了切身的體會。只要觀察購物中心停車場聚集的青少年，就會知道美國年輕人現在只聽嘻哈了，白人、黑人、西班牙裔都沒有分別。

移動當然全靠租車。租的車實在太多了，途中開始覺得這有意思，幫每輛車都拍照記錄。汽車旅館的房間也拍了，看起來全都一個樣，但還是有趣味性。

在美國旅行，大概只有在紐約市、波士頓、舊金山、紐奧良才不用開車吧。其他地方，也就是美國國土的九成，都得開車去繞才看得出個所以然。

因此我每天的行程都是從早到晚開八、九個小時的車，採訪時間一小時。再怎麼喜歡開車的人都會膩（笑）。美國人似乎不會膩就是了，不知為何，這點真的讓我感到不可思議。一般美國人最討厭的不是被迫長時間開車，而是長時間坐在副駕駛座。他們說握方向盤比坐在那裡開心多了。

哎，但我握方向盤久了會膩，而且也沒有旅伴。這時最大的助力就是廣播電台。

在日本旅行時，我深深覺得非都會區ＦＭ電台的無聊是絕望級的，東京也差不了多少就是了。明明播音樂應該才是原來的目的，主持人卻不斷吐出無謂的廢話，介紹筆名很丟臉的讀者投書，最後播唱片公司主推歌曲，主、副歌唱一遍後就切掉，收工。類似像這樣。

我為了做珍奇日本紀行在日本各地晃的那陣子，我的畫家好友大竹伸朗也在文藝雜誌《海燕》（倍樂生集團旗下雜誌，它也在一九九六年停刊了）上寫專欄，以非都會地區的繪畫為主題，因此我們有段時間經常一起旅行。由於很受不了日本鄉下電台的無聊，要出發去某地前，大竹都會自製好幾捲錄音帶合輯，有趣極了。不過連聽一個禮拜還是會膩。十萬日元買來的破車沒有ＣＤ播放器，我們經過特賣價電器行時突然想到：「買台電池式的手提CD音響不就得了！」先前怎麼都沒想到呢？連自己都傻眼了。我們買了最便宜的手提CD音響，在高速公路休息站買了演歌等各類CD，一面播一面開車，結果路面只要稍微有點高低差音樂就會跳掉，根本用不了。原來車用CD播放器跟一般的不一樣，我們兩個人在那之前都不知道（笑）。

回到美國的話題。不管再小的城鎮，都有好幾家當地FM電台，不管什麼地方都有數十家電台讓你從中挑選喜歡的聽。日本鄉下才兩、三家啊。

有人說，每四個美國人就有一個會在開車時聽鄉村樂，因此最多的就是播鄉村樂的電台。除此還有各式各樣的電台，不過意外受歡迎的是經典搖滾台，也就是專播六〇至八〇年代搖滾樂的電台。不是開一個節目播，而是整個電台二十四小時放送令人懷念的搖滾樂。

這完全就是我這代人的音樂，因此聽著聽著經常有陷入異常懷舊情緒的瞬間。日本的FM電台可不會播齊柏林飛船（Led Zeppelin）吧？我越來越想聽那時的音樂，於是跑到超市或購物中心的唱片賣場挖CD。

鄉下購物中心的唱片行內聚集著一窩聽嘻哈的年輕人，在這群年輕人裡，我拿了喬治・哈里森（George Harrison）的《萬物必將消逝》（*All Things Must Pass*）帶到櫃檯結帳。這時，留長髮、看起來當過嬉皮的廢柴系大叔店員竟向我搭話：「這很棒，對吧？」

我認為美國境內應該有數百家類似的經典搖滾電台，但以前到現在最多人點播、地位不受動搖的歌曲就是平克・佛洛伊德（Pink Floyd）《月之暗面》（*The Dark Side of the Moon*）專輯裡收錄的歌吧。

那張專輯在一九七三年發行，已是我在美國鄉間聽車上廣播的三十年前。我試著想像了一下是什麼樣的人會點裡頭的歌：首先他應該不是年輕人，八成是跟我同年紀或稍微年長一些的白人中年人；感覺不是白領階級，而是做粗工的，結束一天勞動後總算回到家中。總之先「喀嚓」一聲打開罐裝啤酒的拉環，然後點播「每次都點的歌」……這只是我的想像啦（笑）。

不過，我認為二、三十年都聽同樣的音樂、持續喜歡它是最棒的行為。雖然構不上「時髦」的邊，但比起「年輕時說非聽搖滾不可，不久後說大人就該聽爵士，最後在高級卡拉ＯＫ跟大姐姐雙人對唱」的人生贏家；到死都聽平克．佛洛伊德而且無比滿足的人生輸家在我眼中還高尚多了。我在美國鄉下見過非常多這種人。

關於一個又一個「美國珍奇景點」的回憶實在太多了，說都說不完，在此略過不提。我要說的是，企畫開始前我曾找紐約或洛杉磯的朋友商量這件事。結果所有人都說「別搞那個」，還有人說「美國南部的人都有槍，而且現在還有種族歧視，很危險」，並補了一句「而且那些地方不可能有趣」。

然而，我實際踏上旅程繞完五十州的七年內，感到害怕的經驗真的一次也沒有，疲勞駕駛打瞌睡、擔心在山路上耗盡汽油的恐怖倒是嚐過好幾次。大家嫌糟的南部居民反而非常友善親切。

搞了半天，美國就跟日本、亞洲、歐洲一樣，有大都會瞧不起鄉下的情況。這是每個國家都有的結構。大家總是看扁比自己弱小的存在：紐約人瞧不起洛杉磯人，洛杉磯人瞧不起拉斯維加人，拉斯維加斯人又瞧不起……。

前面提過，你報導的對象感受得到你的意圖。你若打算從負面角度報導，對方當然會火大，懷抱敬意接近自然會受到歡迎。何況，我可是特地從東京跑到阿拉巴馬之類的地方。我靠的不是語言，當然也不是銀彈。說「誠意」也許有點老套，不過你對採訪的人事物究竟感不感興趣，對方絕對感受得到。

雜誌連載時的專欄標題是「珍奇世界紀行　美國巷弄探訪」，不過連載結束不久後，內容集結成的書改名為《ROADSIDE USA 珍奇世界紀行　美國篇》，這又是厚厚一大本攝影集。七年來文藝春秋花在採訪上的費用應該相當驚人，但他們的書籍單行本部門卻說「我們不要出這本書」。我一度做好自費出版的覺悟，結果事情又有種種變化，最後才透過 Aspect 出版讓這本攝影集問世。

我認為今後再也不會有雜誌讓我跑那種採訪行程了，所以開始自己做電郵雜誌。不過要是接下來還有機會的話，我非常想做做看「ROADSIDE CHINA」。中國和美國一樣，是日本媒體不斷汙衊的對象，說什麼暴發戶、愛抄襲，讓人家買了一大堆東西再嘲笑他們「爆買」。要知道，中國政府跟中國人是兩回事，而且

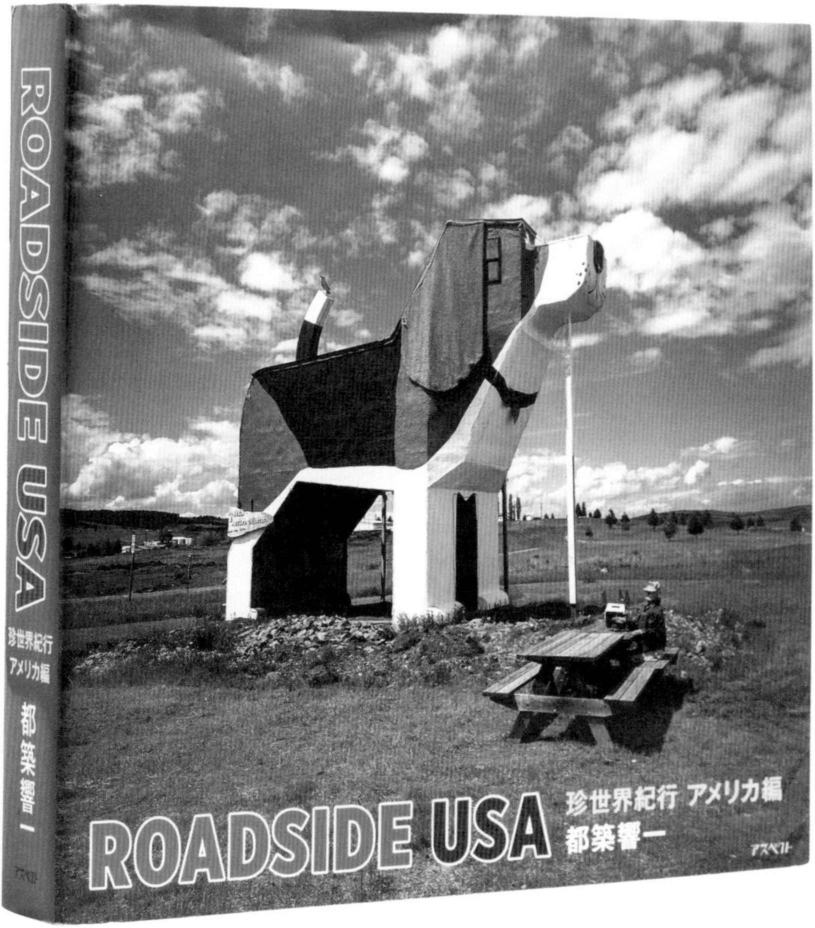

《ROADSIDE USA 珍奇世界紀行美國篇》（Aspect，二〇一〇年）

t Shipwreck Pittsfield, Massachusetts　コンクリートの荒波にいまにも沈みゆく難破船

ァンにはおなじみ、小澤征爾が君臨するニューイング
の社交場、タングルウッドにほど近い、ピッツフィール
丁、あとわずかでニューヨーク州とヴァーモント州の州
チューセッツ西端に近いエリアである。ピッツフィー
すぐ、幹線道路脇のショッピングセンター駐車場の地面
異様な物体が突き出している。クルマをまわして近づいてみると、それは船の舳先だった。《駐車場の難破船》と呼ばれているこの巨大なオブジェ、ダスティン・シューラーというアーティストが、1990年に制作した、現代美術作品である。

〈シービー（海蜂）〉と船名が刻まれた舳先は、なるほどだだっ広いショッピングセンター駐車場の、クルマの海というかコンクリートの海に、いままさに沈没しかかっているようにも見える。日常見なれた物体を、異常な状況に置くことによってひとびとの常識に揺さぶりをかけるのが得意なこのアーティスト、ほかにもシカゴにある、串刺しにされてシシカバブのように見えるクルマの作品が有名(左ページ参照)。しかしなぜ、よりによってこんな田舎町のショッピングセンターを選んだのかは不明。ま、手入れ不足で亀裂が走り、波打つコンクリートが、いかにも荒波という風情ではあるが。

※2002年取材

Cermak Plaza Berwyn, Illinois　現代美術館と化したシカゴ郊外のショッピングモール

ショッピングモールと現代美術というのはかなり奇妙な組み合わせに聞こえるが、シカゴ郊外のバーウィンにある、いささかくたびれた感じのショッピングモール《サーマック・プラザ》は、おそらくシカゴでいちばん有名な屋外インスタレーション・アートが観賞できる現代美術ギャラリーでもある。

だだっ広い駐車場の真ん中にそびえるのは、巨大な錐に串刺しになった8台の自動車。「スピンドル」と名づけられた、カリフォルニアのアーティスト、ダスティン・シューラーの作品だ。1950年代にモールを創立したデヴィッド・バーマントが現代美術のコレクターでもあったことから、この「ショッピングとアートの結合」が実現したわけだが、もともとこの地域はブルーカラーの労働者が多く住む、保守的な土地柄。ゆえにバーマントの刺激的なコレクションには、賞賛よりも非難の声が巻き起こったという。

ちなみに「スピンドル」は1989年に7万5000ドルでコミッションされたそうだが、ほかにもプラザには20近くの作品が散りば[...]いて、無機質な郊外風景にポップな彩りを添えている。

それにしても、いま見てみればアメリカのサバービア文化の[...]いえるショッピングモールと、ポップな現代美術作品がいかに[...]ることか。アーティストたちに制作を依頼したモールの経営者[...]て読んでいたとしたら、たいしたものだ。

236　創造するもの

左頁：「當代美術館化的芝加哥郊區購物中心」攝於芝加哥。
右頁：「如今持續於水泥駭浪中沉沒的遇難船隻」攝於麻州。
（兩者皆出自《ROADSIDE USA 珍奇世界紀行　美國篇》）

我個人的中國朋友都非常紳士、溫柔、親切。中國人也討厭安倍首相，但不會因而討厭所有日本人，道理是相通的。一個人要討厭什麼、討厭什麼地方隨他高興，但我認為他非得親自去該地見識過才能討厭。

《ROASIDE JAPAN 珍奇日本紀行》還在連載的那陣子我就去中國採訪了幾次。天安門事件才剛結束，要進入觀光區以外的中國萬分辛苦，現在根本不能比。如今想去哪裡幾乎都能去，而且擁有一定程度財富的中國人也增加了。

人民擁有一定程度的財富，其實對珍奇景點而言是非常重要的。到各式各樣的地方走過後，我掌握了孕育（笑）珍奇景點的要素：

①首先一個社群要有接納……或者說忽略怪人的空間面／精神面的餘裕。

②要有夠寬敞的地方才能做怪東西。

③社群必須有金錢面的餘裕，製作者才能輕鬆地弄到廢棄物，也就是做怪東西的材料；願意付入場費的客人也才會存在。

就是這三點。因此，一個國家裡的任何廢料如果都會被某人拿去重新利用（藤原新也先生就告訴我印度的垃圾很少），那麼徒有做怪東西的空間也無法催生珍奇景點。沒有餘裕放任傻子製作怪裝置的貧窮國家，也難以孕育珍奇景點。

寬闊的土地和擁有一定程度閒錢的生活，是孕育珍奇景點不可或缺的條件，所以美國才成為凌駕日本之上的珍奇景點王國。中國在急速發展下，應該也漸漸湊齊這些條件了。如今，「發現中國怪玩意兒」之類的報導全都充滿惡意，我一直想，要是能做點不一樣的就好了。要去採訪非得先學中文不可，我是已經先買幾本教科書了啦……。

就算碰不到也要伸手

一直以來，我使用「ROADSIDE」一詞指的是「數量繁多、大家不屑一顧，但只要好好去看就會感受到濃厚趣味性」的事物，但這種事物不是只有珍奇景點而已。

我在雜誌上寫了不少室內設計和建築的相關報導，所以在東京接觸國外設計師或建築師的機會相當多。他們最想看的不是安藤忠雄新作之類的房子，而是賓館，這種要求壓倒性地多。知名建築師的作品在海外也看得到，但那種賓館只存在於日本。（最近也擴散到亞洲圈了，但都是受日本影響的。）

日本算得上是世界建築雜誌大國，有非常多製作精美的建築專門雜誌。其中在海外最有名的叫《GA》，開本很大，每一期都像一本作品集。

有次《GA》的編輯聯絡上我，問我要不要一起編一期。我聽了非常開心，提出一起開個會的要求，於是有五個左右的年輕編輯來到我家。當對方問我有沒有什麼點子，我心想這機會來的正好，便試著提議：「我想好好拍照介紹賓館！」這是日本才有的東西，設計風格已經成形，這圈子裡也有教主級建築師，而且外國人非常感興趣。那幾位編輯也很開心地說：「很有趣呢！」但後來就失聯了（笑）。半點消息都沒有。

這件事讓我整個火氣都上來了。我說服當時幫忙我工作的女性助手，花了一年多採訪關東和關西的賓館並拍照。

在此無法詳細說明，但總之過往賓館的室內設計風格正在迅速消滅中，瀕臨絕種。但專門介紹那種賓館的旅遊指南當然不存在，連網站都沒有，所以我們只能先分頭到賓館街繞繞再說。先從門口展示著房間照片的看板挑選感覺內部裝潢很有趣的，然後一一打電話聯絡，說這些設計正逐漸消失，我們希望至少用照片將它們留存下來，拜託對方讓我們攝影。

結果每間賓館都釋出好意，令人意外。賓館基本上無法預約，有些老闆卻特地幫我們保留內部裝潢很棒的房間，讓我深深感受到他們對賓館的愛意。印象中拒絕我們採訪的只有一家。我清楚記得，那家賓館的建築設計是由我沒聽過的「普普通通的一流建築師」操刀。賓館營運方雖然很希望我們採訪，但建築師不肯答應，因為他視賓館為自己的作品，想要藏私。真想說你以為自己是哪根蔥？最要命的是，這樣對屋主很失禮吧？

就像這樣，我越來越討厭那些「老師」。哎，言歸正傳，在賓館拍照是非常困難的。牆壁上全貼了鏡子，而且當時數位相機的解析度還沒追上底片機，所以我還在用大型相機拍照，要藏器材也非常辛苦。我準備了兩平方公尺以上的大黑布，正中央挖洞讓鏡頭擺在裡面，拍照時我們才不會映在牆面貼的鏡子上。

我一步一步探訪關東、關西的賓館，同時思考該如何發表這些照片。單出一本攝影集大概也很難操作吧？後來我想到了「STREET DESIGN FILE」這個系列。

一般日本人之中，固定只住半島酒店、文華東方酒店、君悅酒店等超高級飯店的人屈指可數吧。然而，賓館反而是沒去過的人屈指可數吧？（不是嗎？）因此對於一般日本人而言，賓館就像「狹窄的房間」、「無名鄉間」，理應是普遍性更高、更接近日常的事物。並不是說有誰好誰壞的優劣之分，但我們這一方確實是多數。

收錄平常住不起的一流酒店或旅館的旅遊指南堆積如山，卻沒有半本書介紹我們平常就會去過個夜的賓館。看電視也好、讀雜誌也好，上頭介紹的全是只靠閒錢的話一輩子都住不起的旅館。那樣的東西看久了，輸人一等的感覺或挫敗感可能就會油然而生。搞半天，媒體畫出來的結構圖都是一樣的。

正因如此，要是能從跳脫該結構的角度來看賓館肯定會很有趣，而且我也想到各種不同國家應該有各種不同的賓館。明明受大多數人歡迎，明明為數眾多，卻被貼上低俗、沒教養的標籤，至今都沒被好好報導。我於是收集了類似的事物，企畫了「STREET DESIGN FILE」這個系列，意在呈現「街頭的設計」。

全系列二十本書當中有賓館專題，也介紹墨西哥摔角面具、泰國八卦雜誌封面插畫集、墨西哥「死者之日」的骸骨藝品、南印度的巨大電影海報、德國的庭院矮人像（長相類似七個小矮人的庭院飾品）、香港文化中燒給祖先的紙紮房屋、車子、手機，把我想到的主題都一一做成了書籍。日本方面，除了賓館外還有過往B級電影的劇照集、桃色電影海報、暴走族的機車、暴走卡車，甚至是情趣用品等等！這些東西光是收集就非常開心了。

不知道暴走族為何的日本人應該不存在吧。然而有個事實大家並不想了解：這些人雖然被排除在社會之外，他們的手工製作機車可不輸美國的改造哈雷機車，帶有狂暴的藝術感。暴走卡車也是同樣的道理。

情趣用品以按摩棒為大宗，它證明了日本製品在全世界性愛玩具市場當中占據龍頭地位，就像遊戲機和動畫那樣。

日本的按摩棒有前端變成熊、海豚、木芥子娃娃造型的，對吧？所以才有「電動木芥子娃娃」的稱呼，不過做成那樣並不是想要搞笑，而是一種苦肉計：政府單位不肯認定它是醫療器具，只好當成「玩具」來賣，說這是「電動的木芥子娃娃」。不知不覺中「長臉的日本製按摩棒性能很好」的說法在世界各地傳開，如今已逐漸發展成一種優良的、高完成度的工業設計規格，卻沒人從這角度去看待它。我非常不甘心。

雖然這套書中提出的主題有情色，有怪誕噁心，有俗惡，都是知識分子看不起的玩意兒，但我想把版面盡量做美一點，也等於是對我的報導對象表達敬意。

因此我決定將書籍設計工作委託給一路走來結識的海內外設計師，而且盡可能讓他們做他們陌生的領域。不了解該領域，反而能用較中性的眼光看待。比方說，我要是找日本設計師來做日本電影劇照集專題，他當然不可能跨頁放美空雲雀的照片，讓裝訂邊將她的臉切成兩半。所以我做

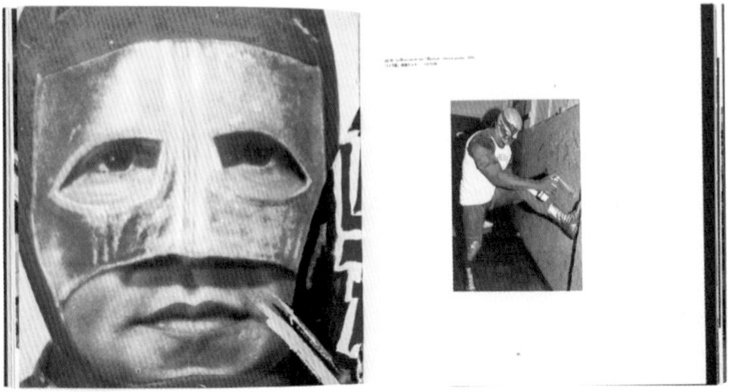

《STREET DESIGN FILE 03 Lucha MASCARADA 墨西哥摔角與面具的肖像》（Aspect，二〇〇一年）

《STREET DESIGN FILE》系列
全二十冊（Aspect，一九九七年
至二〇〇一年）

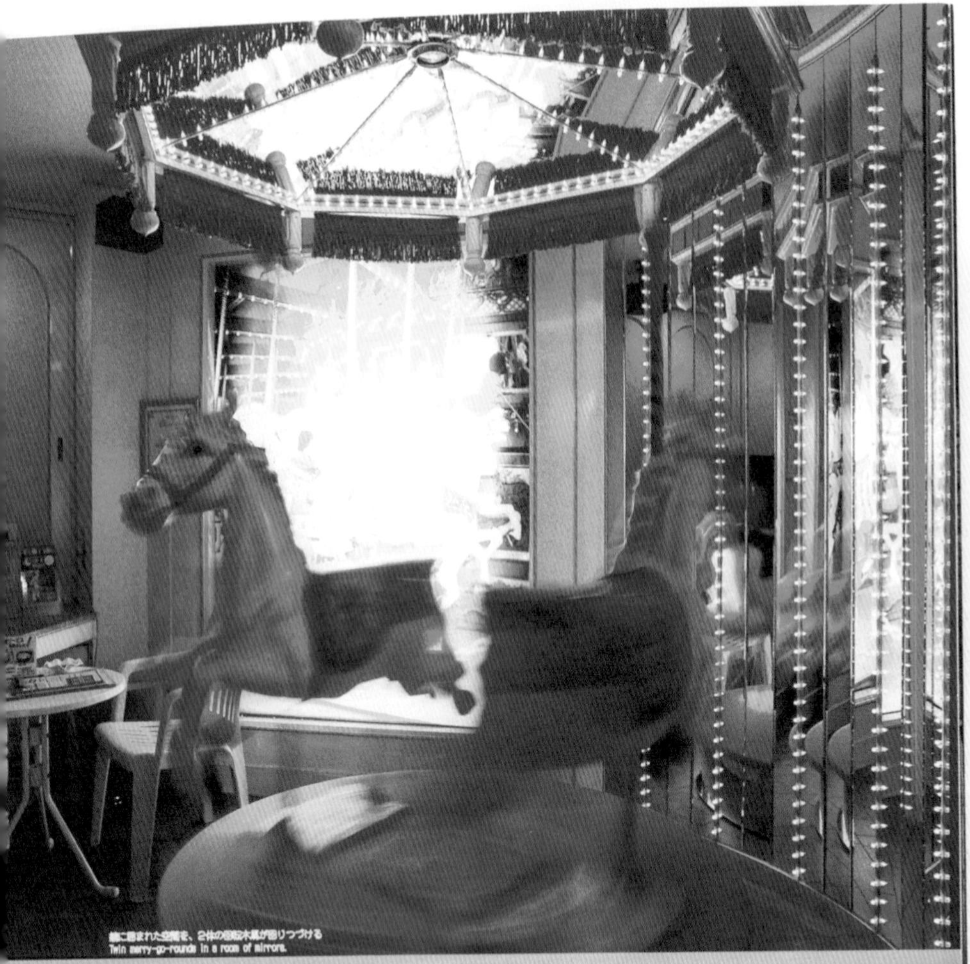

鏡に囲まれた空間を、2体の回転木馬が回りつづける
Twin merry-go-rounds in a room of mirrors.

「奇幻風賓館」攝於大阪府大阪市舞風戀人賓館（引自《STREET DESIGN FILE 17 Satellite of LOVE 賓館．日漸消失的愛的空間學》）

《Frozen BEAUTIES》時，刻意委託跟音樂圈關係密切的英國年輕設計師來操刀。他完全不懂電影。

以一九七〇年大阪世博會為主題的《Instant FUTURE》也委託當時完全沒有知名度的日本年輕設計組合「ILLDOZER」。對了，按摩棒那一本（叫《Portable ECSTASY》。這一系列書的書名都是絞盡腦汁才想出來的，很累人但也很好玩）原本委託當時為三得利烏龍茶做了一系列美麗廣告的藝術總監葛西薰，結果他說：「以我的立場不太方便接（笑），我介紹我最信任的年輕人給你。」我於是認識了野田凪[2]。她不怎麼懂按摩棒，但對這案子非常感興趣點頭接下，後來也幫我設計了鳥羽秘寶館的攝影集。本來還想和她一起做更多書的，可惜她英年早逝，實在太遺憾了。

如前所述，「STREET DESIGN FILE」有許多主題是我對現況焦躁不耐而選的——大家明明應該很喜歡這個，為什麼都沒人報導？也有一些是基於危機意識選的——有些東西現在不記錄下來，之後就會消失了，例如

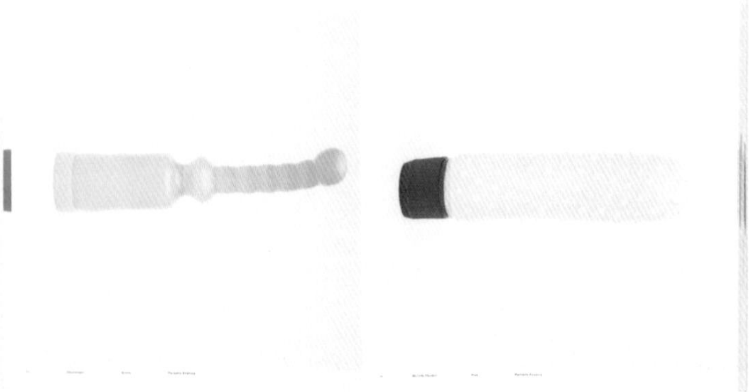

《STREET DESIGN FILE 15 Portable ECSTASY 大人的玩具箱》（Aspect・二〇〇〇年）

老式賓館。

從以前到現在，焦躁和危機意識始終是我做書的兩大動機，這點不曾改變，不過「STREET DESIGN FILE」也許是以最明確形式呈現出這兩大動機的系列書籍。經常有人在訪問我時說：「能一直做喜歡的書真好啊～」說實話，我不是因為喜歡才去做，而是不得不做只好動手。只是因為沒有別人要做了。

有陣子我一有機會就會強調這個想法，但我不管怎麼說都是白搭，現在能不提就不提了。因為我明白了一個道理：就算不說這些，會看我做的書的人就是會默默看下去。

《STREET DESIGN FILE》頭幾本採硬殼精裝，出版社（Aspect）出完這

2 Nagi Noda，藝術指導、廣告導演、藝術家、時尚設計師等，以大膽運用色彩的超現實風格著稱。曾獲東京ＡＤＣ金獎、ＴＤＣ大獎、紐約ＡＤＣ銀獎、坎城國際創意節銅獅獎，也曾為宇多田光、ＹＵＫＩ等歌手設計專輯封面及拍攝ＭＶ。於二〇〇八年逝世，享年三十四歲。

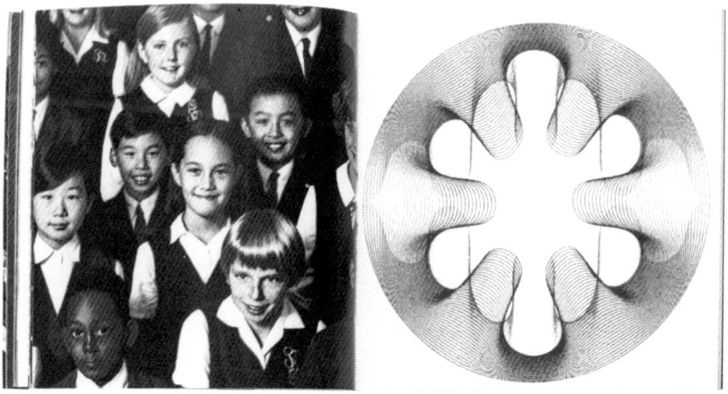

《STREET DESIGN FILE 07 Instant FUTURE 大阪世博，或一九七〇年的白日夢》（Aspect，二〇〇〇年）

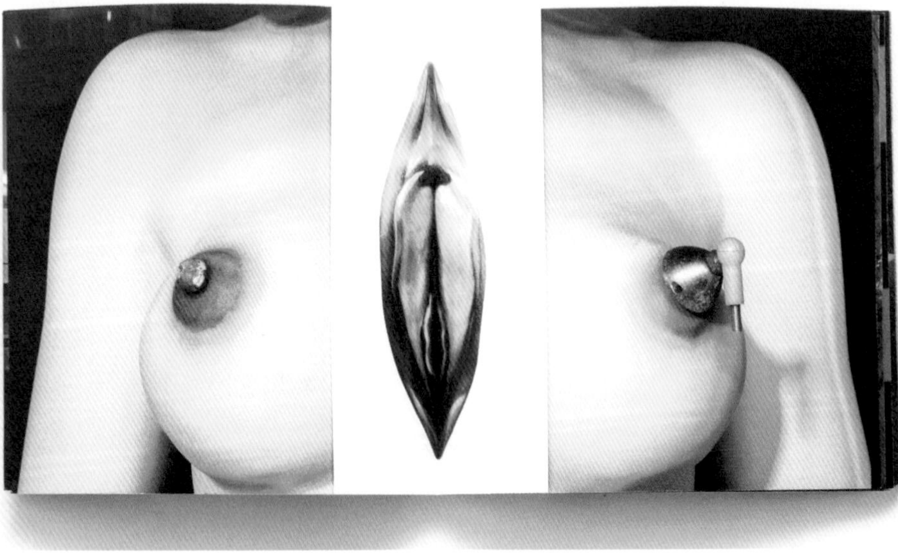

鳥羽ＳＦ未來館展示內容（引自《精子宮 鳥羽國際秘寶館・ＳＦ未來館的一切》）

幾本原本想抽手，但經過多次交涉後決定繼續出版，現在二手書店能找到的應該幾乎都是平裝本。做這二十本書花了我四年左右，從一九九七年到二〇〇一年。現在回想起來，我在那階段似乎斬斷了一些迷惘。

為《日常東京 TOKYO STYLE》或《ROADSIDE JAPAN 珍奇日本紀行》進行採訪時，我還只有三十幾歲。有人稱讚我會開心，受人貶低就會陷入沮喪。有人在《ROADSIDE JAPAN 珍奇日本紀行》的讀者回函寫道：「相機不該拿來拍這種髒東西，錯買這本真是虧大了。」看了當然會很沮喪對吧？現在我的情緒也還是會受評價左右。但比方說我做《STREET DESIGN FILE》時年紀已經四開頭了，雖然還是會無法自已地為他人評價開懷、低落，但反應已經不會太大……或者說，激動又有什麼用呢？貶低我的人大多

《精子宮 鳥羽國際秘寶館・SF未來館的一切》（Aspect，二〇〇一年）

是不會買我書的人(笑)。首刷也才幾千本,一定不會變成什麼暢銷書,書評再怎麼寫也不會對銷量有多大的影響。

當時我已經可以斬釘截鐵地下這種定論,不過對我來說更重要的,是那陣子開始我清楚明白了一件事。賓館或按摩棒設計師也好,暴走族老兄也好,暴走卡車的司機也好,大家都無視世人的冰冷視線,熬過困境活在自己的世界。採訪這些人、出版這些故事的我,怎麼可以飢渴地追求世人好評?如果真的尊敬受訪對象的話……我不至於認為你就該模仿他們的生活態度,但你應該會從他們身上學到許多才對。採訪不紅的藝術家,然後自己靠文章和照片賺大錢是對的嗎?雖然說一定賺不了啦……。

第 4 章

沒人做過的事，該如何下手？

業界會死，詩會留下

前一章談了設計方面的 ROADSIDE，但藝術領域當然也有 ROADSIDE。

過去大竹伸朗說過一句話，我聽了恍然大悟。作品只要加上「現代」兩個字，突然就會變成不怎麼普通的東西。「現代藝術」、「現代音樂」、「現代文學」……明明用「藝術」、「音樂」、「文學」稱呼就好，一加上「現代」兩個字立刻就顯得有點難懂，彷彿難理解的事物就是比較高級。

看不出個所以然，專家卻說棒透了。如此一來，你就會以為自己沒涵養所以才看不懂。一句「我不懂」到嘴邊了還是說不出口。

專家說：你不懂，就買我的書學習，上我的課，買厚厚一大本展覽圖錄吧。

講難聽一點，我甚至會覺得專家做生意的方式就是把學問搞得很難。我要說的不是「難理解的東西就了不起」或「難理解的東西就是比較遜」，而是藝術作品應該有比「好懂」或「難懂」更重要的面向吧，不是嗎？

我從某時期開始認為，「冠上現代兩個字的艱澀作品」中，門檻特別高的應該就是現代詩了。

我從小就喜歡資生堂出的廣宣雜誌《花椿》。其中一個原因是我老家開藥局，它常常出現在我身邊。不過我的感性真的有一大部分受其影響。以前應該有很多喜歡《花椿》的男孩子，也應該有不少人記得家中擺著化妝品店送來的冊子才是。

總之，《花椿》每年都會舉辦聚焦於詩的文學獎「現代詩花椿獎」，我基本上都會讀……但真的是沒有共鳴，真悲哀啊。我不是要說作品很糟，問題顯然是我沒有涵養，但沒有涵養就無法享受詩嗎？我是文字工作者，每天讀的文字應該比一般人多上許多。這樣都還懂不了的話，到底要用功到什麼程度才能「理解現代詩」呢？

為了《ROADSIDE USA》探訪美國鄉間時，我看過牆上貼著一張「即將舉辦趕牛大賽」的傳單，應該是在猶他州的汽車旅館看到的吧。我於是去觀賞節目，結果競技項目之間的空檔有個項目跟樂團演奏並列，叫「牛仔詩歌朗讀」。牛仔也好，季節工也好，在美國都是勾起某種鄉愁的主題。業餘詩人將它們入詩，然後在眾人面前朗讀。我受到吸引，跑到當地書店翻出了幾本牛仔詩歌集。

日本教育如此進步，以識字率百分之百為傲，不知為何卻幾乎沒有每個國民都會吟詠的詩。我去過的每個國家都有地位類似「國民詩人」的詩歌創作者，每個國民都背誦得出一、兩首詩。可是日本……有每個國民都不看原文就能從頭到尾背誦出來的詩嗎？至少我沒有。大家背得出宮澤賢治的〈不要輸給風雨〉的開頭，但無法背完吧。根據詩歌專家說法，詩在現代已經變成讓人默讀而非朗讀的文體了，但詩原本應該是要讓人「吟詠」的。

不過換個角度看，我們會背誦的詩歌其實多得很。我指的就是歌詞。美空雲雀也好，松任谷由實也好，我們不看歌詞本或卡拉ＯＫ螢幕就能從頭唱到尾的愛歌非常多。如果說這是詩人輸給作詞家的瞬間，不知道會不會太過火？

艱澀的現代詩讀也讀不懂，但任何人都會有以下體驗（應該吧？）：半夜在國道上開車，大燈燈光打亮「夜露死苦」、「愛羅武勇[1]」等噴漆塗鴉。你看了大吃一驚；聽到廣播電台播出平凡無奇的J-POP，卻不禁為歌詞熱淚盈眶。我們的語言感受力，完全不可能比以前的人遲鈍。真要說來，網路和手機這兩樣科技的發達，反而讓大多數人都變得「筆勤」，這理應是一個前所未有的時代。「詩壇」之外，還橫陳著一大堆刺激的語彙不是嗎？

當代藝術之外有非主流藝術，而我要是能發掘現代詩之外的某種文字風格不是很棒嗎？想著想著，正巧我的老友成了新潮社文藝雜誌《新潮》的總編，我於是提議做詩歌版的《ROADSIDE JAPAN》，展開了專欄連載「夜露死苦現代詩」。《新潮》創刊於一九〇四年，是相當老字號的文藝雜誌，讀者幾乎都是純文學／現代文學的愛好者。真要說來，它可說是立於文壇頂點，而我想在那裡試圖拋出

1　暴走族創造的同音語彙。夜露死苦為「請多指教」，愛羅武勇為「I love you」。

意想不到的語言素材。這專欄自二〇〇五年起連載了約一年，剛好在創刊百年的節骨眼上。

我在連載第一回的序文寫道：「詩並沒有死，死的不過是現代詩業界。」突然就惹毛了現代詩迷。接下來刊的都是位於「詩壇外側」、離它十萬八千里遠的文章，例如老年癡呆症患者的叨絮、暴走族特攻服上的「刺繡詩集」、死刑犯的俳句、歌謠曲的歌詞等等，連我自己都覺得竟然能撐一年。文藝雜誌沒有一板一眼的字數限制，幾乎是想寫什麼就能寫什麼，這也讓我非常開心。

還有，我寫的文章或許看起來像現代詩評論，但我還是想貫徹「採訪」的立場，不會光翻過去的文獻資料，而是會盡可能前往現場和作者碰面，將這原則放在心上。就算建築物已經不存在了，還是會過去原址一趟。即使作者進了安養機構，完全不跟人交談，我也還是會去見個一面。我想妥善保有那「磁場」帶給我的東西。

舉連載初期反應很好的「死刑犯俳句」為例吧。我有次碰巧在書店架上發現一本俳句集《異空間俳句》（異空間の俳句たち，海曜社，一九九九年，現已絕版），裡頭收錄的都是死刑犯以長年孤囚生活為靈感的創作，或行刑前吟詠的辭世句，律師將它們收集起來，流傳到牢獄之外。我讀了大受震撼，這份心情成為日後連載的契機。後來我自己進行了各種調查，還拜訪了出版社，因為我就是想知道創作出這些俳句的是什麼樣的人。

那家出版社並不是位於東京神田，而是位於滋賀縣琵琶湖畔的極普通民宅內，由感覺很敦厚老實的中年男女經營。我聽他們分享了做書過程中的各種佚事和辛苦的地方，最先傻眼的部分是：俳壇給予的惡評壓倒性地多。

死刑犯俳句主要是透過發起死刑廢止運動的公民團體才得以問世。社運人士會嘲弄他們：「搞俳句的又來囉。」書籍出版後又得到俳壇以下評語：「在一首俳句中間穿插作者際遇等簡短說明是不妥的」、「為了讓讀不慣俳句的人容易進入狀況，就刻意將俳句分為三行（其實該寫成一行）也是不妥的」、「在漢字旁標假名也不妥」等等。他們苦笑著說：「我們遭受很多批評。」那些人，實在是無聊透頂。

他們是死刑犯，所以（雖然這樣說似乎不太好）沒有那種在入獄前就熱中於俳句的人，大多是遭判死刑後陷入精神上的絕境，只能靠吟詠俳句來保持理性，才開始嘗試創作。因此他們的作品幾乎只採五七五形式，結果又被通曉現代俳句的人看不起。然而有一些創意表現應該就像藍調一樣，正因為形式固定，反而更能在局限內不斷拓展出創意才是。

日本的死刑制度非常殘酷，到了行刑日早晨才會告知受刑人。有時候他們會一等再等，等上好幾年、好幾十年。我認為這些時日本身就是一種虐待，不過卻有人迎來行刑日早晨前往絞刑場時，還擔心著繩子沾上汙垢或汗水。

使繩　免蒙污納穢　抹頸以寒水

他當著死亡的面詠出此句。相較之下，真的有所謂的「現代詩人」能不折服於此現實際遇與結局嗎？

除此之外，專欄還刊載了老年安養院職員記錄的老年癡呆症患者叨絮、分數占卜[2]上的句子等等。想讓大家讀讀的東西很多，不過當中有一回引起的迴響意外廣泛。一九九六年池袋某公寓發生了高齡母親與精障兒子一同餓死的悲慘事件，而那位母親到死之前都還在書寫日記（《池袋・母子餓死日記（全文）》，公人之友社，一九九六年），內容真的是無比駭人……。

三月十一日（一）　晴　寒冷

今天早上，我們終於，把能吃的東西吃完了。明天開始，能下肚的東西，一樣也沒有。茶，還剩一點，可是，光是每天喝茶撐得下去嗎……？

我今天早上，做了一個夢（牙齒掉光的夢），聽說這代表身邊會有人死掉。我好擔心，是不是孩子會死掉呢？真希望能和他一起死，因為後走的人

2　一種抽籤遊戲，籤上寫著分數（一到十分）和單行訊息，大多是無厘頭的內容。

太不幸了。

寫這篇報導時，我無論如何都想看那公寓一眼。光看網路消息和報紙找不到地點，但我的責編不愧是當過《週刊新潮》的記者，輕輕鬆鬆就打探出來了。

它位於北池袋住宅區，公寓已經被拆毀變成了停車場（先前我睽違多時地去了一趟，現在還是停車場），一點痕跡都沒剩。不過我還是試著在那裡站了一會兒，拍了一張巷內的照片放進報導中。這些行為的有無不僅會對寫手，也會對讀者接收到的真實性帶來天差地遠的影響。因此，我認為在那情況下懷抱「已經不在了所以去也沒用」還是「已經不在了但還是去看看」的想法，對報導而言是差非常多的。

嘻又哈

前面提到，我在美國鄉下旅行時有了「年輕人現在只聽嘻哈」的印象，真的很令人難忘。

嘻哈剛發跡時，我不斷為了《POPEYE》和《BRUTUS》跑紐約進行採訪，因此從最早期就跟嘻哈場景走得很近。電影《狂野風格》（*Wild Style*）也是在第一時間就看了，饒舌、塗鴉、地板舞的日漸興盛，我全都是在現場見證的。就連我在《POPEYE》的第一篇署名報導「新宿二丁目同志迪斯可巡禮」（笑）都介紹了 TSUBAKI HOUSE[3]。TSUBAKI HOUSE 並不是同志迪斯可舞廳，不過當時二丁目有許多小型優質迪斯可在 TSUBAKI HOUSE 結束營業後遍地開花。

不過我個人卻漸漸不聽嘻哈了。一方面是因為美國饒舌場景開始極度偏向黑幫式的「炫惡」，另一方面是，在日本才剛起步的場景跟美國形成強烈對比，感覺「輕」過頭了。但這只是我的個人喜好問題，我希望大家還是去聽聽這些音樂，不過像是 SCHA DARA PARR（スチャダラパー）的路線我實在無感。尤其看不慣

3 新宿知名的 techno 系迪斯可舞廳。

的是嘻哈逐漸發展成一種時尚風潮，一種商業模式，讓裏原宿的店家得以用天價販售沒什麼可取之處的潮T。

後來我又在美國久違地聽到饒舌樂，音樂無視我的意願鑽入我耳中。歌詞用語確實很艱澀，但聽久了就漸漸聽得懂一部分。接著我透過電台聽到阿姆（Eminem），完全被打中。歌詞的深度使我無法將它們視為「詩」之外的東西來看待，但「詩人」卻不將它們放在眼裡。

我認為事情非常不得了，於是在「夜露死苦現代詩」專欄介紹了阿姆、Jay Z、NAS等紐約知名饒舌歌手，還介紹了日本的DARTHREIDER（ダースレイダー）。

當時幾乎沒有提供日本饒舌圈情報的雜誌（現在是一本也沒有），身邊也沒有很懂饒舌的朋友，我只能狂買CD，發現什麼就研究什麼。

有好幾個日本饒舌歌手讓我驚嘆：「竟然有這種角色！」其中一人就是DARTHREIDER，他當時剛創立廠牌「Da.Me.RECORDS」（ダメレコーズ），每個月都發行一張年輕饒舌歌手（包含他自己）的作品，設定均一價一千日元。

我受他態度感動而邀他受訪，發現他非常認真地在思考嘻哈場景的現實與未來，並且以堅定的口吻表達出來。他其實是歸國子弟，十歲前住在英國，後來上了東大，但活動忙到他無法去上課（因為大多在半夜舉辦），最後還是中輟了。為了饒舌捨棄東大，真是稀有的案例。從那陣子起，我又開始關注饒舌，回頭去聽這種音樂了。

「夜露死苦現代詩」連載結束時，我們決定要在《新潮》上刊出紀念對談。本來想找死硬派現代詩人進行對幹式的對談，但沒人願意出面，最後只好找來谷川俊太郎先生，他對我說：「你給現代詩的評價會不會過高了呢，我們可當不了什麼好對手啊。」不過我很清楚谷川先生在戰後詩壇也處於邊緣位置，一路創作至今，有機會的話請大家一定要把這篇對談找來看看。

連載在結束後於二〇〇六年集結出版為《夜露死苦現代詩》一書。根據出版界不成文規定，一本書大

《夜露死苦現代詩》（新潮社，二〇〇六年／筑摩文庫，二〇一〇年）

約會在三年後推出文庫本，但當時新潮社的文庫本部門說他們不要出（笑）。不斷抱怨很煩人吧？不過這種事我是一定不會忘記的。後來筑摩文庫在二〇一〇年推出文庫本時，我已經相當熟悉日本饒舌了，於是又拜託《新潮》讓我推出《夜露死苦現代詩》的續篇──專攻日本饒舌的新連載《夜露死苦現代詩 2.0 嘻哈詩人們》就這樣在二〇一一年再次啟動了。

當時還是沒有專門介紹日本饒舌的專門雜誌，但我會請特別用力推日本饒舌的唱片行店員為我介紹，也會一一收集唱片行店頭傳單，然後去看表演。

日語歌詞當然比英語好懂，但首先叫我吃驚的是，沒附歌詞本的CD相當多。我想現在也一樣吧。有些饒舌歌手是基於「豎耳傾聽比讀字好」的想法才硬是不放歌詞，但大多數情況都是想節省經費。

我不死心地聽下去，發現許多棒透了的歌詞。有些饒舌歌手非常有人氣，每次表演渋谷的大場地就會塞滿人，陷入缺氧狀態。半夜十二點出頭進場，想看的饒舌歌手過三點才會上場，人潮洶湧到連手都舉不起來，有幾次我差點昏倒。

明明是那麼受歡迎的音樂，電台完全不播，音樂雜誌也不報導。心中最先冒出的是純粹的疑問：這到底是怎麼一回事？為什麼大家都不好好報導呢？雖然有跟新發行介紹綁在一起的大型唱片行的網路訪談，但感覺都像小圈圈內的談話，不怎麼了解嘻哈的圈外人是看不懂的。更重要的是，除了新發行介紹之外根本沒有資料可以讓人更加了解創作者的為人。明明是這麼多人聽的音樂，既有媒體卻忽略到這種程度，到底是怎麼一回事？我的採訪慾被激發了。

饒舌歌手們沒像《夜露死苦現代詩》當中的人那麼邊緣，但其中大半都和主流唱片公司以及高規格製作扯不上關係，有的連經紀人都沒有，光是要跟本人取得聯繫就很辛苦了。有許多類似這樣的狀況都是開始採訪了才明白的。找出CD上寫的廠牌的網站，寫信過去都沒人回，只好上推特找本人帳號，試著聯絡對方。這樣還不行的話，跑到表演會場在出口堵人就對了。都五十幾歲了還在渋谷live house堵演出者……（笑）。

因此，我還是像《夜露死苦現代詩》那時候盡可能前往他們活動的地方。其中一個主題是「非都會地區饒舌歌手」，後面會詳述，總之我會想在他們的「大本營」跟他們碰面，而不是在東京的事務所或 live house 的休息室。

我會拜託他們：「告訴我你最常待的地方，我要去那裡。」答覆有時是家庭餐廳、朋友的咖啡店、家附近的居酒屋，有時則是國道旁的卡拉ＯＫ，說總是在那裡練習。

我接著不會問：「這次新作的概念是什麼？」而是問：「令尊、令堂是什麼樣的人？你小學時是什麼樣的小孩？」我在嘻哈圈採訪過形形色色的人，從超知名歌手到沒什麼知名度的新人都有，結果大家都說：「第一次有人問我私事。」嚇了我一跳。

饒舌歌手當中有不少人少年時代行為相當偏差。有些人不只是壞壞的而已，而是相當程度的惡霸。我不是為了好玩硬問他們，而是想探究他們的語言從何而生。

所有人都沒有好好上過半堂國文課，甚至有人在少年觀護所才第一次讀到宮澤賢治，大為感動。世人對「詩人」的形象有所設想，而他們在離那形象最為遙遠的地方成長，寫出如此尖銳、現實的歌詞。這情形與其說「饒富趣味」，「叫人如坐針氈」才是更貼合我心情的形容。像是札幌的B.I.G.JOE的人生轉折根本無法想像。他走私海洛因遭逮捕，在澳洲服刑七年，期間寫下歌詞，對著電話聽筒饒舌，札幌的友人錄下後搭上配樂再燒成CD發表。我問他：「在獄中有沒有最常看的書？」結果他淡然地回答：「就《歌德書信》吧。」

在他們的大本營結束訪談後，我會去表演現場拍照……這又是一個折騰人的大工程。「我要在池袋的BED表演，大概（凌晨）四點才輪到我上場吧。」狀況大概都類似這樣（笑）。不知為何嘻哈的演出都昏天暗地的，與其說照明沒打好，不如說那就是一種約定俗成，就算帶高感光度的相機去還是會拍到一大堆糊掉的照片。當然了，我在live house永遠是年紀最大的，比其他人年長好幾輪，卻總是在第一排拚命拍照。其他客人也許會想：這大叔到底是怎樣？

之後更大的難關是聽寫歌詞。專輯大多沒附歌詞本，所以只能重聽歌曲幾十次，盡可能把聽得出來的部分寫下，再交由饒舌歌手訂正才完成。這工作實在太過累人了，途中甚至由責編接棒進行。

不過，像那樣細細品味他們寫的歌詞，有些情景就會清楚無比地浮現，例如現今二十五歲年輕人的生活現實之類的。不是光在炫耀自己幹了什麼壞事，而是會觸及自己身為繭居族的過去、談起自己如何讓家人傷心哭泣、打工是怎麼被開除的之類的。

如同在我年紀還小時，是民謠的全盛時期；每個時代也許都有某種音樂形式，是年輕人最能直接寄寓其心聲的。

比方說，一九六〇年代也許是只要一把吉他就能演出的民謠音樂，七〇年代也許是不怎麼需要練習就能發出大音量的搖滾樂。那個位置也曾由龐克音樂占據，如今無疑是屬於嘻哈的。連載中介紹的饒舌歌手中，有許多人在經濟條件不怎麼好的環境中成長。組龐克團還是需要買樂器和租練團室的錢，但饒舌歌手連吉他都不需要，只要有一台卡式收音機就行了。如果有人 beatbox[4]，連卡式收音機都可以不用，只要發得出聲音就能饒舌。不需要買樂器，不需要練習音階，連好的歌唱技巧都不需要。只要把自己的想法寄託到歌詞上就行了。

對了，DARTHREIDER 說過一件事。饒舌樂有所謂的「cypher」，就是一群人聚集在一起隨節拍交替饒舌，就像從前的連歌[5]那樣，是一種瞬間連接語言的遊戲。據說有人曾經用卡式收音機播放節奏在渋谷站前玩 cypher，結果被警察怒罵，要他們別在公共場合發出巨大聲響。某人說「好喔」，結果開始 beatbox，大夥又繼續他們的 cypher。如此一來他們就像只是用略大的音量在說話，警察想取締也沒辦法（笑）。很棒吧。

我投入全副精神採訪並寫稿，連載一年多後於二〇一三年出版了《嘻哈詩人們》（ヒップホップの詩人たち）。書中登場的饒舌歌手有十五個人，頁數將近六百頁。文藝雜誌可以給我比較多篇幅，因此歌詞都能刊出適當的份量，連載時每一回都有二十頁左右，單行本自然會變成一本厚重大書，這也是沒辦法的。售價三千八百八十八日元，我雖然心想：「一頁只要六元！」但推特上還是有人寫：

4 指以人聲模仿各種打擊樂的音樂口技。
5 一種採數人連作形式創作的日本傳統詩詞。

「貴死了！」好想回他：「你在UNIQLO買東西也會花到三千八百元吧？New Era的鴨舌帽還比這貴吧（笑）？」

這本書花了我不少工夫，做起來是很有趣啦，但如果由業界內部的音樂寫手來做的話，應該會簡單好幾倍。他可能跟音樂人是朋友，大概也很了解業界背景和內部狀況，不買CD可能也拿得到公關片。我原本對這塊一無所知，所以得花好幾倍的時間、精力、金錢。

前面提到，我出國採訪也不會請統籌人員幫忙。專業旅遊資訊媒體要是雇用專業統籌人員，應該只需花我十分之一的辛勞和時間就能做出同樣內容的書或節目，但他們就是不做。饒舌樂的報導也一樣，圈內人不做，我這圈外人才在逼不得已的情況下出手。

《嘻哈詩人們》（新潮社，二〇一三年）

就工作量和耗費時間而言，我花錢買別人做的嘻哈音樂書一定還比自己做這本書領稿費、版稅開心得多。要別人做了該有多好，但沒有就是沒有。

因此我有個深刻的體悟：我永遠是個圈外人。對室內設計圈、藝術圈、音樂圈、文學圈而言，我都是外人。我為什麼能夠在圈內採訪、做書呢？簡單說就是因為「專家的怠慢」，不過如此。專家要是動起來，我只要當個讀者就了事了。他們不動，所以我才動。而我勉強能將這些行動和工作勾搭在一起，雖然賺不了多少錢，但還活得下去。我就像是不斷走在危橋或鋼索上，不論多久都抵達不了對岸閃著霓虹光的「版稅生活」。

第 5 章

你為誰做書？

不把東京放在眼裡

做《嘻哈詩人們》時，我希望盡可能在他們故鄉進行採訪。一方面是想感受他們生活之地的氣氛，另一方面是我強烈懷疑，如今「非都會地區與東京的關係」應該起了很大的變化吧？確認實際狀況也是我的目的之一。

為了做功課狂買CD的過程中，我發現一件事，那就是東京唱片行買不到某些非都會地區饒舌歌手的專輯，只能趁他們偶爾到東京表演時去會場買，這種案例相當多。像是The Blue Herb（ザ・ブルーハーブ）這種老牌團體也在歌詞當中明確地表現出「來自札幌・反對東京」的立場。這種鄉土愛、以某地代表自居的意識，或者說「東京我沒興趣啦」的心理都非常吸引我。

沒多久前的狀況是這樣的：假如我想靠音樂吃飯，不設法到東京去就搞不出名堂，對吧？我可能會在高圓寺附近租便宜的公寓，靠打工勉強度日，租練團室練習，不斷做 demo 帶寄到唱片公司去，運氣好就會被撈走，獲得主流出道的機會，之類的。因此像高圓寺這樣的區域才會那麼有趣，我也才做得了《日常東京 TOKYO SYTLE》這種書。

如今時代不同了。音樂人會待在家鄉與同好做音樂，自己錄音、自己製作 CD，然後在表演會場或網站上販售。不再懷著「我要去東京闖啦」的想法，而是採取「想聽就來」的姿態。

沒必要對東京的唱片公司言聽計從，播送或販賣的網絡都可以自己建構，所以一下子就能從非都會區與世界接軌。「東京與非都會地區立場反轉」是網路催生的狀況之一，不過最沒注意到這點的大概就屬東京的大眾媒體、一直靠既得利益存活至今的唱片公司或演藝事務所吧。

為避免誤會，話說在前頭：我並不是要說，現在非都會區才是最活絡的，完全不是那個意思。《嘻哈詩人們》中第一個登場的田我流，曾在電影《Saudade》

擔綱主角，而這部電影是在他家鄉山梨縣甲府市拍攝的。目前日本非都會地區所處的狀況，就如同電影描寫的那般無藥可救。商店街紛紛蕭條歇業，城郊化也日漸嚴重。年輕人找不到工作，平均薪資低下毫無成長，完全是文化沙漠。

他們只擁有性和車，但不管開到哪去都只有永旺夢樂城、青山洋服、東京鞋靴流通中心、柏青哥和家庭餐廳。正是因為被東京無法比擬的封閉感絞死在原地，正是因為再也受不了「慘到令人發笑」的現狀，他們才有辦法創作出直擊人心的東西。真正厲害的玩意兒是不會在溫室中誕生的。幫人貼上「軟混混[1]」標籤、囉哩囉嗦的大眾媒體根本完全不理解他們的絕望。

在《新潮》連載嘻哈主題專欄的同一時間，我在一個叫「VOBO」的網站上也進行著一個有點……應該說相當怪的專欄連載。

我不知道拿著這本書的讀者有沒有聽過一本色情雜誌《喵2俱樂部Z》（ニャン2倶楽部Z），它是創刊二十多年的長壽雜誌，擁有傲人的歷史（可惜在二〇一五年十月停刊了！），而且不是主打常見的美少女模特兒寫真，幾乎都由

「素人投稿暴露照」構成內容。攝影者讓自己的老婆、女友、情婦、性奴在各種地方裸體或接受繩縛，讓她們跟朋友或湊巧在路上碰到的男人上床，然後拍照投稿。「如何？很驚人吧。」可說是散發素人情色感，同時滿足男人虛榮的雜誌……「VOBO」則是它的衍生企畫，是一個自架網站。

雜誌種類繁多，而位在金字塔最底部的想必就是色情雜誌了。

而色情雜誌還是有階級高低。假如將當紅模特兒或AV女優拍得美美的寫真雜誌視為色情雜誌金字塔的頂端，那麼位於金字塔底部的就是像《喵2》這種只靠讀者投稿構成內容的暴露照投稿雜誌了。而且讓人覺得噁心而非色情的篇幅還比較多，變態至極。

暴露照投稿雜誌雖然位於金字塔底部，但能投稿照片的人仍算是較受眷顧的一群，因為有其他人願意讓他採取破格的行動並拍照。沒有夥伴，連照片都沒得

1　マイルドヤンキー。行銷分析師原田曜平提出的概念，指非都會地區不想出人頭地、思想保守的內向混混。

拍的人若想表達自己的意念，就會透過「插圖投稿」專欄。

不只色情雜誌，大多數專門雜誌也都設有讀者投稿專欄，大致上會放在接近書末的頁數。以暴走卡車為例，還不能考駕照的國中生暴走卡車迷，可能就會畫自己喜歡的暴走卡車精密插圖投稿到雜誌去。我以前就很喜歡那些投稿，色情雜誌當然也有類似的作品。

腦海中的妄想膨脹得無比腫大，卻沒有人願意成為讓自己綑縛、調教的對象。不只沒辦法花錢解決，連跟女性對話都很窘迫——這類男性會將自己的妄想畫成圖，投稿到雜誌去。當中有人每個月都會投稿好幾張，還有創刊二十多年來不曾缺席的人。

要是能讓各位看到雜誌，你就會知道：那些投稿插圖就算獲得採用，刊出來最大也只有名片大小，而且稿費少得不得了。而且不管有沒有獲得採用，編輯部都不會聯絡投稿人，也不會歸還作品。對畫圖的人來說，作品一旦寄出去就不會回到手邊，實際上等於「畫完就丟」。儘管如此，他們每個月都還是會在雜誌發售日前往書店，心跳加速地翻開書頁：「不知道這個月有沒有刊呢？」然後回家繼續畫，畫好再投稿。有人就這樣度過了二十年，各位能想像嗎？

一般讀者大概會覺得：「那幾頁根本沒人要看，拿掉多放一點照片吧。」插圖投稿職人大概也不會指望靠投稿成名吧。投稿了沒有一點好處，不會受到任何人矚目。

我以「妄想藝術劇場」（妄想芸術劇場）為題，每個禮拜都在「VOBO」上推薦一個插圖投稿職人，連載了好幾個月。這種投稿作品的原稿大多是用完即丟，但《喵2俱樂部Z》全都小心翼翼地保管著，公司搬遷過好幾次也沒遺失稿件。我請他們重新整理，將同一個投稿者的稿件全部放在一塊，然後帶回家掃描、寫稿，就這樣介紹了三十個左右的投稿常客。

當中有我真心認為具備藝術性的優異作品。有個筆名為「從頭體操」（ぴんから体操）的投稿者作品特別瘋狂，可說是突破極限級的，圖畫能量強大。我大為感動，設法取得了本人同意，利用設計師松本弦人主理的自費出版機制「BCCKS」自費出版了他的作品集《妄想藝術劇場‧從頭體操》（妄想芸術

劇場・ぴんから体操），也在銀座的香草畫廊（ヴァニラ画廊）舉辦展覽，一如預期地引起莫大的迴響，後來開始定期辦展。

從頭體操先生二十多年來不斷投稿到《喵2俱樂部Z》去，所以已經有一點年紀了，但畫風卻會隨著時代一再產生巨大變化，這是他的魅力之一。篇幅有限我無法在此解說，因此希望大家能去找他的作品集來看看。他的作品可是好到讓二十年前的莉莉・弗蘭奇（Lily Franky／リリー・フランキー）[2]大受衝擊，自掏腰包租下渋谷的展覽空間幫他辦展。

這些插圖投稿職人到底是什麼樣的人呢？我當然會想知道。因此我每次在「VOBO」上刊出連載文章時，都會透過編輯部邀訪那一回的職人。我邀訪了三十人以上，結果有三個人願意跟我見面。

《妄想藝術劇場・從頭體操》（BCCKS，二〇一二年）

對他們來說，《喵2俱樂部Z》應該是一個無可取代的發表平台，沒有它就很難好好生活。平常只會默默刊載或刷掉他們作品的編輯部，某天突然直接找上門來，他們理應會感到開心，但大部分的人都回覆：「圖你們要怎麼用都沒關係，反正別來見我就對了。」我嚇了一跳，究竟為什麼會這樣呢？

也許對他們來說，具現妄想的圖畫就是他們跟外在世界唯一的交集，而他們並不希望這種交集繼續增加。又或許他們在精神或身體上有不便之處，想跟外界有所交集也辦不到。

投稿郵件信封上寫著住址，因此我知道他們住在哪裡。上頭寫的都不是東京港區或渋谷區之類的地名，印象中全都來自非都會地區、城郊。我實在太好奇了，還曾經用谷歌街景確認那些地方到底長什麼樣子（笑）。

2 身兼作家、插畫家、設計師、演員等的多棲藝術創作者。小說代表作有《東京鐵塔——老媽和我，有時還有老爸》，也曾出演《海街日記》、《比海還深》、《55歲開始的 Hello Life》等電影及電視劇。

藝術這種蛛絲[3]

這些職人在封閉的世界內，忘我地進行專屬於自己的創作表現。看到他們，我就想起幾年前得知的「死刑犯的繪畫」。

前面稍微提過死刑犯吟詠的俳句。而在同樣封閉的極限狀況環境之中，當然也有囚犯是向繪畫尋求救贖。

某次碰巧看到的一小篇報導，成了我得以一次欣賞整批死刑犯繪畫的契機：廣島市郊外有個小劇場兼咖啡店「開放劇院咖啡」（Café teatro Abierto）預定舉辦死刑犯畫展。報導是在報紙還是網路上看到的，我已經忘了。當時我人在仙台工作，但對展覽內容非常有興趣，一查才知道仙台和廣島之間一天只有一班飛機直飛，於是我立刻預約了隔天的機票，決定去看看再說。

展間不過是在原本的舞台上以木板隔出來的，整體規模很小，DIY感十足，但每張畫都像是一記重拳，讓人動彈不得。

有的畫出自知名死刑犯之手，例如和歌山毒咖哩事件的林真須美之類的，也有非常厲害的素描、明天搞不好就會行刑卻悠悠哉哉畫出來的漫畫……我感動得一塌糊塗，但一想到這麼厲害的創作表現不知為何都沒有美術館或藝術媒體理會，又非常、非常、非常地不甘心。於是我當場拜託主辦單位讓我拍照，在電郵雜誌上做了一個特輯。有個策展人讀了特輯，隔年在廣島縣福山市一個專推非主流藝術的小型美術館「鞆之津博物館」（鞆の津ミュージアム）舉辦展覽。開幕前似乎有相當多抗議和責難，但一開跑就引起莫大迴響，創下開館以來入場人數最多的紀錄。就算藝術雜誌不介紹，ＮＨＫ的藝術節目不報導，會看的人就是會來細細品味。

在差不多同一時期，我另外在筑摩書房的網路雜誌上連載「東京右半邊」專欄，內容集結而成的書又是厚厚一大本。連載最後，我採訪了「東方工業」——全世界最高級矽膠娃娃的製造商。

3 作者此處借用芥川龍之介的短篇作品〈蜘蛛之絲〉（蜘蛛の糸）中的寓意，形容藝術就像故事中從天堂落下、使人獲得救贖的蜘蛛絲一般。

性愛娃娃以前叫「Dutch Wife」（這似乎不是日本人自創的英語，而是世界通用詞彙），指的是無法或不願與真人女性交往的男性當作性慾發洩對象的娃娃。東方工業在上野御徒町設有展售間，去那裡就能看到成排放置的娃娃，從美熟女到外觀年紀輕到有點危險的少女都有，現場還有顧問人員（或者說服務員）供客人徵詢意見，並提供一定程度的客製化服務。「我有這種喜好，有這種慾望，希望有這樣的女孩子」都能告訴他。最高級品一尊要價七十萬日元也是當然的，畢竟臉型、髮色、胸部大小、陰毛疏密都能指定。接單後就會向葛飾區的工廠下訂，成品再以宅急便寄到買主家，東方工業稱之為「出嫁」。順帶一提，因故送回原廠修理叫做「回娘家」。

到底是什麼樣的人會付那麼多錢買什麼娃娃，各位一定會好奇對吧？這可不是花幾千日元買玩具似的塑膠製充氣娃娃或令人懷念的「南極一號」，等級差多了。於是我又興沖沖地做了採訪。

購買者之中當然有戀物系的重度使用者，認為「比起活生生的女人，我說什麼都會乖乖聽的娃娃好多了」。但也有人是患有恐女症或臉紅症，沒辦法自然地

《東京右半邊》（筑摩書房，二〇一二年）

上：「WASABI」蘿莉塔系可愛服飾專賣店 台東區松谷
下：「東方工業」老字號性愛娃娃製造商　台東區上野
（皆出自《東京右半邊》）

面對女性；也有人有肢體障礙，無法與女性有肉體上的親密接觸。甚至還有這樣的例子：某精障男子到了一定年紀後開始有性慾，母親別無選擇只能用手幫他處理，但他的慾望越來越強烈，再這樣下去會演變成要命的狀況……母親煩惱到最後得知東方工業性愛娃娃的存在，感激地說：「它救了我們母子。」因此東方工業設有身心障礙者折扣制度，認真看待這件事。

每天都跟性愛娃娃一起生活，對某些人而言它當然會變成類似伴侶的存在，而不只是高價的自慰用工具。以前的人絕對不希望他人知道自己擁有性愛娃娃，但最近的使用者意識也開始產生改變，開始會舉辦線下聚會，或跟其他擁有者一起旅行。當然了，他們會讓自己喜歡的娃娃坐在副駕駛座，包下旅館，與娃娃比鄰開宴會。

和東方工業來往久了，有次突然接到他們的請求：「能不能請你當評審？」原來是要我評東方工業每隔幾年就會舉辦的「自豪的性愛娃娃攝影賽」。

說到性愛娃娃的照片，大多數人大概都會想像出一些變態的畫面吧？然而那類照片少之又少，真要說來，投稿作品都是「普通」照片居多。穿圍裙站在廚房做沙拉，穿睡衣打電腦，穿戴滑雪裝備置身滑雪場等等！如果不說它們是性愛娃娃，大家也許只會以為是普通的女友日常照。也因此，超越「娃娃」與「主人」的關係才會透過這些照片湧現。它在持有者眼中可能是戀人，可能是妹妹，可能是姐姐。這感情徹頭徹尾是「愛」，但世人只因為戀愛對象不是真正的女人而是娃娃，就視之為變態。

藝術有各種功能，從「提升教養」到「成名賺錢」都是。這些功能沒有好壞之別，但世界上最需要藝術的人，不就是被迫生活在封閉環境的人嗎？例如畫圖跟活著等義的非主流藝術家；明天也許就要接受死刑，卻把最後的時間奉獻給畫筆的死刑犯；以投稿獲得暴露照雜誌刊載為人生唯一樂趣的插畫職人；只將自己的真心獻給性愛娃娃的業餘攝影家等等。藝術對他們而言，難道不是最後的防護索嗎？知性探求型的藝術當然存在，也應當存在，但能夠救人一命的藝術也是存在的，重要順位比前者還要前面許多。我只是希望大家知道這點才做這些。這原本應是藝術新聞報導該扮演的角色，但沒人動手。

根本敬等人有個活動已經辦了三十年以上，叫「夢幻名盤解放同盟」，專門尋找、介紹沒人知道而且也沒人想知道的反常音樂。解放同盟展開活動時發表了一個宣言：「所有唱片，都該平等地獲得在唱盤上播放的權利。」藝術也完全一樣，所有藝術家畫出來的畫，都該平等地獲得掛在牆上的權利、受鑑賞的權利。喜好隨人，但連看都不看就貶低作品是不可原諒的。藝術品有評價高低、價格高低，但真正的優劣明明是不存在的啊。

藝大這種陷阱

有個特輯我一～直都很想在藝術雜誌上做，但不管提案幾次都被打槍。那就是「毀滅藝術的正是藝術大學」。

有些孩子對於學校課業完全不感興趣，成績糟到不行，但在筆記本上塗鴉或在房間裡畫圖就很開心，對吧？

這種孩子在高二志願調查時一說出「我想進藝大」，就得先去專攻藝大的補習班上課。然後呢，為了應付考試，不得不對著距今兩千年前的古希臘人或羅馬人的雕像畫素描，畫、畫、畫個沒完。就算運氣好順利考上，接著指導者又會對你說：「先說明你的創作理念吧。」明明在補習班執教鞭的，也不過是藝大生或研究所學生罷了。有些「只喜歡畫圖，其他什麼都不會」的孩子讀艱澀的書只會頭痛，在別人面前話也講不好，以畫畫為唯一的救贖。他們進了藝大後面臨的卻是那種狀況，一個一個遭到擊潰。

而且現在藝術大學的註冊費和學費都非常高，出身家庭若付不出幾百萬日元，根本無法接受專門的美術教育。沒錢的人或許只要以進入公立大學為目標即可，但當今最厲害的美術科系畢竟還是在東京藝術大學吧？真不敢相信如今仍有重考十次就為了擠進去的人，又不是司法考試。請想想，十八歲到二十八歲這十年內，自己可以畫多少圖啊。

我認識幾個在藝大開課的老師，他們偶爾會叫我去講課。在那裡，首先令我吃驚的是某人對我說的一句話：「請填這份文件才能匯講師費給您。」那不是幾十萬日元，只不過是一、兩萬。但也沒辦法囉，我心想；開始填住址等項目，結果竟然碰到「畢業校與最高學歷」這一欄。「啥？」我疑惑地反問負責的工作人員，結果他感覺很抱歉地回答：「這也得請您填……」我問：「最高學歷跟這有什麼關聯？」結果他答：「講師費用不同。」研究所畢業的比高中畢業的多了幾千塊（笑）。我忍不住填「麴町國中畢業」（笑），很差勁吧。

那樣的大學是日本目前藝術圈的最高學府，現實就是如此。讀書考試考了好幾年，好不容易入學後努力四年，老師看你順眼讓你進研究室當助理，不久後以日展（日本美術展覽會）之類的展覽為目標畫圖，最終要成為藝術院會員……到時候大概已經超過八十歲了。因此，我認為應該找個機會把話好好說清楚，讓大家知道「考上藝術大學」不是值得賭上人生的目標，但每本雜誌都絕對不會提這些。因為藝大啊、還有它周邊的藝術團體是雜誌的一大廣告主。

如果現在在藝術大學就讀的學生讀到這本書，請你乾脆地將學校視為「可以使用各種器材的巨大出租畫室」，把老師和助教想成「指導我們操作版畫壓印機等技術層次問題的人」，這樣會比較好。評圖時如果被老師稱讚，告訴自己「這下不妙了」才是好的。老師要是把你的作品貶得一文不值，說什麼「完全看不懂」，請視為最棒的讚辭。然後呢，由於藝大畢業證書一點社會價值也沒有，心中一旦浮現「一切都是白費工夫」的念頭，立刻退學才是上策，我說真的。

想組搖滾樂團的話，只要去買吉他練習就行了，不會去補習班上課，然後以考上音樂大學為目標吧？想成為饒舌歌手或小說家的話，買本筆記本不斷寫歌詞或文章就行了吧？不會以考上文學系國文科為目標。但想做藝術的人卻不是那樣，不是很奇怪嗎？

第 6 章

編輯辦得到什麼？

編輯這種生物

二〇一〇年，我在廣島市當代美術館舉辦了一個相當大規模的個展「HEAVEN 都築響一陪你探訪，社會之窗中的日本」，整個企畫展區都用上了。這對策展人而言也是一大冒險吧。我寫了以下文章作為「序文」，放得超級大貼在展場入口。一個字大概占了十五平方公分（笑），來看展的人就算不想看也不得不看到

我是報導者，不是藝術家。報導者的工作是持續待在最前線。戰爭的最前線不是總統辦公室，而是遍布泥濘的大地；同樣地，藝術的最前線不是美

術館或藝術大學，而是天才與廢渣、真實與虛張混雜的街頭。

碰上真正有新意的事物時，人無法立刻給予「美麗」、「優秀」等評價。面對這些事物，你無法斷定它是最棒的還是最糟的，它卻會撩撥你的心靈內側，使你坐立難安。如果評論家是負責在司令部解讀戰況，那報導者就是士兵，即便滿身泥濘也要衝向「搞不太懂但令人在意得不得了的事物」。

士兵有可能在戰場上丟掉性命，報導者在前線誤判的話也可能危及自己的職業生命，但不容解釋的活生生現實只在最前線找得到。而日本的最前線＝街頭總是在發情，發情的日本街頭滿是「搞不太懂但令人在意得不得了的事物」。

這個展覽真正的主角是他們——街頭的無名創作者。這些路旁的天才始終遭到文化媒體的漠視。他們完全不認為自己在做藝術創作，其創作力的純度卻遠超過美術館展示藝術家的「作品」，深深刺進我們眼中和心中，這是怎麼一回事呢？為什麼理應非屬藝術品的創造物，看上去的藝術性還遠超過藝術品呢？

我的照片、書籍都只是為了記錄他們、流傳給後世的道具。接下來各位會看到我拍的照片，要是你們願意去注意我拍了什麼而非怎麼拍，那就太好了。

這是發情的最前線捎來的緊急通報。

我透過這本書想傳達的訊息全都在這段文字裡頭了，說完了……（笑）。

有人問起我的頭銜時，我會盡量答「編輯」。展覽時會變成「編輯／攝影家」，不過基本上就用編輯。用報導者也行，但要帥過頭了。

前面談到我剛拍照那陣子時也許已經說過了，總之我拍照是想要「採訪」，不是要拍帥氣的照片。因此我其實很想把拍照的工作交給專家去做，但我既沒有預算也沒有餘力說明意圖。我別無他法，只能自己拍照、寫稿，偶爾連設計也得做，就這樣過活。真的只是「別無他法」。先前有人問起這件事時，我都會如此強調，但別人聽了似乎都覺得不太中聽，現在我都盡量不說了。

我偶爾會在美術館辦展，所以經常有人會說：「你是藝術家吧？」「不，我只是一個編輯。」「不過持續找出採訪對象的過程就是藝術啊。」聽人這麼說我很感激，但我自己絕對不想把自己看作一個「藝術家」。

因此，頭銜這種東西怎麼寫都沒差。但我絕對不是評論家，至少這點我要講明。

我從以前就跟所謂的評論家合不來，現在也沒有半個評論家好友。「二流實踐者比一流評論家了不起」是我的信念。大多數評論家不懂這道理是我們處不來的原因之一，基本上報導者和評論家的角色是不一樣的。

我認為評論家的角色是從許多事物中選出一樣東西，賭上自己的名號讚賞它「好」。他們要靠選擇和說服力分勝負。

然而報導者立場正好相反。大家都稱「好」的時候，他應該要說：「不，這個也很棒不是嗎？」我相信，盡可能向他人揭示出選項就是他的職責所在。大

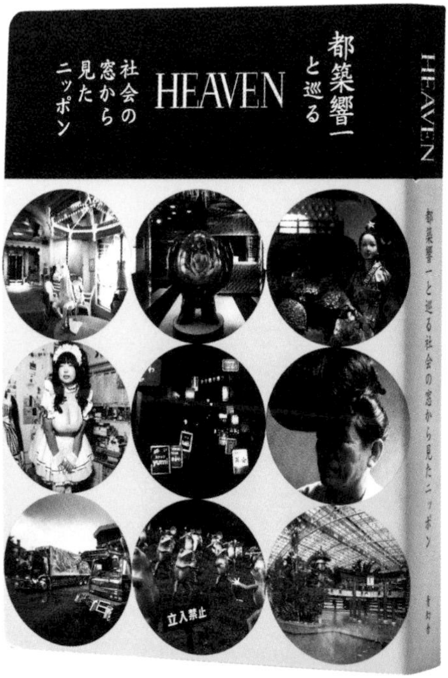

《HEAVEN 都築響一陪你探訪，社會之窗中的日本》（青幻舍，二〇一〇年）

家說「這就是當代藝術」時，他要試著說「不，這也是」；就像大家說「美國很糟」、「伊斯蘭教徒很糟」時，有人會跳出來說「不對，他們之中也有這樣的人，也有人這樣想」；大家說「不起碼讀到大學畢業行不通」、「人非得結婚、持家」時，有人會說「有些人沒照做也活得很開心」。

評論家和報導者沒有高明、低下之分，只不過扮演的角色不同罷了。不過實際工作時，你不得不在兩個極端之間擺盪就是了。然後套用剛剛我對評論家的看法，我當然認為「二流實踐者也比一流報導者還要了不起」。

透過《夜露死苦現代詩》，我想站在至今不被視為「詩」產地的位置告訴大家，這種「詩」也有看頭不是嗎？我在《日常東京 TOKYO STYLE》中只是想說，就算不拚命工作買郊區的房子、租高級公寓，住房租五萬日元的木造公寓也可能過開心的生活。並不是「其中某一邊比較好」，而是「兩邊都好」。朝路旁牆壁噴漆塗鴉並沒有比用鋼筆在稿紙上寫字厲害，住在狹窄骯髒的房間裡也沒有比較偉大。一切都沒有優劣之分，只有喜好問題。總覺得我一路工作到現在都是想表達這件事。

我十幾歲的那個年代，穿西裝的人的社會地位仍比穿T恤搭牛仔褲的人「高」上許多，也比較受社會信賴。但現在比西裝貴的牛仔褲多得是，大家都知道如今已不可能靠穿西裝或穿T恤搭牛仔褲來判斷一個人，這兩種人也沒有位階高低之分。不過看建築、室內設計或藝術業界，就會發現他們還沒完全脫離舊風潮。我只是想破壞「寬廣清爽的住家比較厲害」、「知名藝大畢業生比較厲害」等想法，就算只能鬆動一些土壤也沒差。

我自己也比較喜歡寬敞的住家，而非狹窄的房間（笑）。曾經有來訪問我的人說：「咦，您住的地方還滿寬敞的，而且很整齊不是嗎？」彷彿帶了點責難的意思。我實在很難讓大家明白，「反對好品味」、「反對好生活」並不是我的用意，我只是希望大家認為「兩邊都可行」，自由地甩開無謂的挫折或輸人一等的感覺……。

攝影的歧路

我是從《日常東京 TOKYO STYLE》的時候開始攝影的。前面也提過，我使用過相當多種類的相機，從當時的底片機到現在的數位相機，大型相機到多功能手機都有。如今我的書會被放在書店的「攝影集」區，我也不只會在雜誌上連載文章或出書，還辦了各式各樣的攝影展。

最早是一九九八年水戶藝術館的「都築響一繞啊繞　珍奇日本紀行展」（都築響一のくるくる珍日本紀行展），接下來的「HAPPY VICTIMS 購衣破產方丈記」（HAPPY VICTIMS 着倒れ方丈記）不僅在日本展出，還巡迴到法國、英國、盧森堡、墨西哥。回首過往，發現辦展經歷也將近二十年了。

雖然很囉唆，我還是要強調自己拍照完全只是為了「採訪」，並不是想拍出「作品」。

比方說我在美國鄉下四處繞的時候，在某鎮外發現廢屋，茂密的草叢中被人丟了一台生鏽的汽車。在這種時候我就會想，拍藝術品級的照片很辛苦，但要

《HAPPY VICTIMS 購衣破產方丈記》（青幻舍，二〇〇八年）

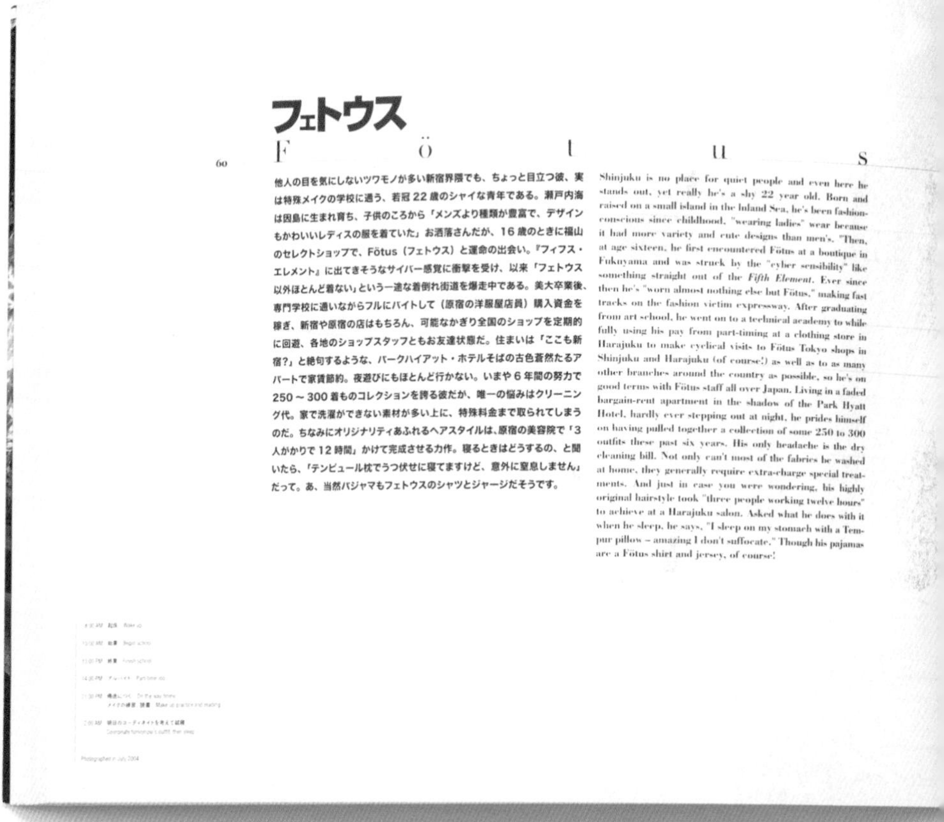

60

フェトウス
F　ö　t　u　s

他人の目を気にしないツワモノが多い新宿界隈でも、ちょっと目立つ彼、実は特殊メイクの学校に通う、若冠22歳のシャイな青年である。瀬戸内海は因島に生まれ育ち、子供のころから「メンズより種類が豊富で、デザインもかわいいレディスの服を着ていた」お洒落さんだが、16歳のときに福山のセレクトショップで、Fötus（フェトウス）と運命の出会い。『フィフス・エレメント』に出てきそうなサイバー感覚に衝撃を受け、以来「フェトウス以外ほとんど着ない」という一途な着倒れ街道を爆走中である。美大卒業後、専門学校に通いながらフルにバイトして（原宿の洋服屋店員）購入資金を稼ぎ、新宿や原宿の店はもちろん、可能なかぎり全国のショップを定期的に回遊、各地のショップスタッフともお友達状態だ。住まいは「ここも新宿?」と絶句するような、パークハイアット・ホテルそばの古色蒼然たるアパートで家賃節約。夜遊びにもほとんど行かない。いまや6年間の努力で250～300着ものコレクションを誇る彼だが、唯一の悩みはクリーニング代。家で洗濯ができない素材が多い上に、特殊料金まで取られてしまうのだ。ちなみにオリジナリティあふれるヘアスタイルは、原宿の美容院で「3人がかりで12時間」かけて完成させる力作。寝るときはどうするの、と聞いたら、「テンピュール枕でうつ伏せに寝てますけど、意外に窒息しません」だって。あ、当然パジャマもフェトウスのシャツとジャージだそうです。

Shinjuku is no place for quiet people and even here he stands out, yet really he's a shy 22 year old. Born and raised on a small island in the Inland Sea, he's been fashion-conscious since childhood, "wearing ladies" wear because it had more variety and cute designs than men's. "Then, at age sixteen, he first encountered Fötus at a boutique in Fukuyama and was struck by the "cyber sensibility" like something straight out of the *Fifth Element*. Ever since then he's "worn almost nothing else but Fötus," making fast tracks on the fashion victim expressway. After graduating from art school, he went on to a technical academy to while fully using his pay from part-timing at a clothing store in Harajuku to make cyclical visits to Fötus Tokyo shops in Shinjuku and Harajuku (of course!) as well as to as many other branches around the country as possible, so he's on good terms with Fötus staff all over Japan. Living in a faded bargain-rent apartment in the shadow of the Park Hyatt Hotel, hardly ever stepping out at night, he prides himself on having pulled together a collection of some 250 to 300 outfits these past six years. His only headache is the dry cleaning bill. Not only can't most of the fabrics be washed at home, they generally require extra-charge special treatments. And just in case you were wondering, his highly original hairstyle took "three people working twelve hours" to achieve at a Harajuku salon. Asked what he does with it when he sleep, he says, "I sleep on my stomach with a Tempur pillow – amazing I don't suffocate." Though his pajamas are a Fötus shirt and jersey, of course!

跑遍全國各地賣店收集來的兩百五十套至三百套FOTUS牌服飾。（引自《HAPPY VICTIMS購衣破產方丈記》）

拍「有藝術感」的照片真是簡單呢～（笑）。不過你非得決定自己拍的是什麼才行，是藝術或紀實，是作品還是報導？選邊站是有必要的。如果你是薩爾加多（Sebastião Salgado）[1]那麼偉大的攝影家就能拍出「兩者皆是」，但一般人是沒辦法的。不過，懷著「想告訴大家！」的心情按下快門，結果拍出美麗照片的情形也存在，但這不過是幸福的偶然或奇蹟，攝影之神的恩寵。我認為一開始就以拍出美照為目標是很危險的。雖然多數攝影家大概無法贊同我的說法吧。

如今透過攝影這工具製作作品的日本藝術家當中，國際評價最高的要屬杉本博司先生吧。其實我們一起在同一個地方拍過幾次照。

杉本先生有一件知名的大作，拍的是蠟像排成的「最後的晚餐」，是我在《ROADSIDE JAPAN 珍奇日本紀行》介紹過的伊豆蠟像館的展示內容。面對同樣的拍攝對象，杉本先生大陣仗架了器材，以8×10大型相機拍攝黑白照片，我則以手持小型相機拍下彩色照片，走快拍路線。拍出來的結果天差地遠，看了根本不會覺得拍攝對象相同，而且輸出作品的價格也差了一千倍。不過我拍的是彩色的，資料價值也許還比較高（笑）。

在美術館的攝影展看到杉本先生的〈最後的晚餐〉，受其優美與畫面深度感動的人很多，但應該沒什麼人會想問：「這是什麼地方？」我的〈最後的晚餐〉也在美術館展示過，比起稱讚我「拍的照片真帥」，問我「這裡，是什麼地方啊！」我聽了會更開心，而且是開心百倍。這就是作品與報導的差別。

杉本先生運用相機、底片、「最後的晚餐」蠟像，是想要創造自己的世界，等於是「造物主」。但我不是那樣。我算是想要傳達蠟像館氣場、無名蠟像師之熱情的「靈媒」，或者說「巫師」之流。因此，聽到別人給我照片好評固然開心，我還是要隨時把作品與報導的區別放在心底才行。這界線只是我擅自畫出來的，應該也有才華洋溢的人可以輕易跨過去吧？不過我的拍攝對象（不只是剛剛說的

1 巴西社會紀實攝影家，攝影記者。

美國鄉間風景）還挺多是拍法對了就能營造出藝術感的。

可以再談一下攝影嗎？我最早是為了《日常東京 TOKYO STYLE》拿起相機。當時主要是使用 4×5 大型相機，所以看起來或許跟一般的「報導」不太一樣。

不過，（我認為）攝影師選用相機不是只會考慮「大尺寸底片解析度比較高……」等技術層面的問題。拍攝對象，或者說被攝體跟自己的心理關係也經常會有決定性的影響，你會覺得「這個就該用這相機、這形式拍照」。

藤原新也先生有次對我說，單眼相機感覺像是鏡頭「喝」一聲架到前方的武器，粗暴地指著對方。4×5 或 8×10 大型相機以三腳架妥善固定，攝影師必須蓋著黑布看玻璃上的映像，所以感覺像透過一扇小窗觀察外在世界。然後呢，藤原先生拍人像照時經常使用雙反相機。我問他為什麼？他的回答是：使用雙反相機不會直視對方，要從上方低頭望進觀景窗，感覺像是在向對方敬禮，對方也會變得比較客氣、表情柔和。聽起來像是玩笑話，但經驗告訴我，這絕對是真的。

回到《日常東京 TOKYO STYLE》。從以前開始就有人把日本小公寓拍成「歐美人士瞧不起的兔子小窩」，這類照片多如牛毛，大多是以 35mm 底片機斜角拍攝出來的，粒子略粗，攝影師的心情都如實反映出來了：這裡真悲慘啊。

但我不像他們那樣，我是懷著「有的狹窄公寓也很棒啊」的心情開始採訪的。因此我不會採用一般報導媒體攝影師的拍法，而是像建築攝影家拍知名建築師作品，或像拍《家庭畫報》（家庭画報）[2]的拜訪豪宅專欄那樣，會想設法將狹窄、骯髒的住處拍出美感，所以才用那麼誇張的形式拍照。這反映出我對狹窄、骯髒住處的感覺，也是我的致敬方式。

尤其現今的數位相機性能日新月異，大家也許會想，只要有好的拍攝對象就夠了，照片由誰來拍都不會差太多。但攝影的有趣之處就在於，照片彰顯出攝影師意念的程度意外地高。因此，我自己不認為有趣的企畫，我就拍不了照，覺得自己不管怎麼掩飾都絕對還是會露餡。當然了，世上還有所謂的廣告攝影，但那是另一種優異的技術，無法混為一談。嗯，不過本來就不會有人丟那種工作給我

2 一本以成年女性為主要對象的生活雜誌，內容包含藝術、飲食、旅行、時尚、居家裝潢等。

就是了（笑）。

網路搜尋是種毒品

「你如何找哏呢？」和「要怎麼做才能像你那樣打小眾市場呢？」大概是我受訪時最常聽到的兩大問題（笑）。

我在這裡想大聲宣示：從《日常東京 TOKYO STYLE》到小酒館，我訪問的都不是「利基小眾」，而是「多數人」。比起知名建築師設計豪宅的住戶，狹窄出租公寓的居民應該比較多才對。比起約會時選住豪華旅館的人，會挑國道旁賓館入住的人應該比較多才對。吃完飯要續攤時，大多數人不會選擇去高級紅酒吧，而是會去卡拉ＯＫ小酒館。不過是這麼一回事。

大家都在做的事情，媒體為什麼不報導呢？這是我長久以來的疑問。只挑大多數人辦不到，只有一小撮人有能耐去做的事情作為報導題材，是因為大家都在做、都在去的地方比較沒有價值、矮人一截嗎？前面也提過，由於我實在是看那種挑起羨慕眼光或欲求不滿的系統（或說雜誌構成）太不爽了，我只想跟大多數人待在同一邊。因此現在既有媒體幾乎都不會給我工作就是了（笑）。

報導「大家都在做的事情」是怎麼一回事呢？其中一個性質是「採訪起來很輕鬆」。我不是在諷刺，是真心這麼說。我報導的不是「不去尋找就難以發現的東西」，而是「到處都有的東西」。小酒館、賓館、小套房，在我們四周都有一大堆。

因此我的情報來源沒什麼了不起的，走著走著就會發現東西，朋友會告訴我情報，喝酒時認識的人會幫我介紹……當然也會在網路上找資訊，但那是我已經有所發現才會採取的步驟，不會打一從開始就在網路上漫無目的地亂逛。你覺得搜尋「東京　有趣的地方」會跳出什麼東西（笑）？

就算是發現在意的事物才查找好了，網路搜尋若能輕易挖到許多資訊，意思就是這個主題已經有人做過了。那麼我只要看那篇報導就行了，沒必要去採訪。

所以啦，如果我變成雜誌總編輯，光在編輯部裡上網的編輯我全都想開除（笑）。總之白天待在公司就是不行，要自己去外面找題材。假設以嘻哈的報導為例好了。日本並沒有半個網站可以讓我們總括性地瀏覽國內業界情報，但只要去唱片行或夜店就能找到幾十張即將發行的專輯和即將舉辦的表演的傳單。展覽資訊也一樣，拜託哪一家雜誌提供都遠比不上親自去美術館、藝廊看牆上貼得密密麻麻的海報、拿傳單來得有幫助。

就這角度而言，我目前最無法理解的就是懶人包網站（まとめサイト）。那不就是擅自複製別人辛苦做出來的東西貼在一塊而已嗎？

我的電郵雜誌也會介紹到自己無法立刻前去採訪的海外人事物，不過我不會擅自「複製貼上」其他人的報導，這是理所當然的。我會使用各種手段試圖透過網站或臉書與本人取得聯絡，說明意圖後請對方提供資料。也有幾次在通信往來的過程中，剛好有機會在國外某處跟對方碰面。

不管怎麼寄信、傳訊息都遭到忽略的情況不算少，也有過程順利最後卻搞砸寫不成報導的經驗，是非常辛苦、效率也很差的做事方法，但就是這樣做起來才會開心。順利寫出報導的喜悅也特別強烈。

但「懶人包網站」根本沒有那種喜悅，因為寫手沒有採取什麼行動，只負責

「統整」出懶人包罷了。他們那麼做有各式各樣的理由，例如賺取聯盟行銷廣告收入，但總而言之網站上一點「熱度」都感覺不到。我不懂，為什麼會有那麼多「寫手」在那種地方，透過那種行為消磨自己呢？編輯這種工作的薪水若換算成時薪，只能用悲慘兩個字來形容。做的事情如果不有趣的話，到底還能獲得什麼呢？

事前做功課的功過

我原本是編主攻年輕族群的雜誌，不知為何這幾年老是在做跟老人有關的書……，從《巡禮　珍奇日本超老傳》（巡礼　珍日本超老伝）到《性豪　安田老人回憶錄》（性豪　安田老人回想録）、《獨居老人Style》（独居老人スタイル），接著還有《天國有摻水烈酒的味道　東京小酒館魅酒亂》（天国は水割りの味がする　東京スナック魅酒乱）、《演歌啊　今晚也謝謝你　無人知曉的獨立演歌世界》（演歌よ今夜も有難う　知られざるインディーズ演歌の世界）、《東京小酒館邊走邊喝記　媽媽桑，整瓶的來了！》（東京スナック飲みある記　ママさんボトル入ります！），幾乎都是老人相關的書籍。光把封面排成一排，我自己看了也會傻眼。

但這是高齡化社會所致，不是我有什麼「接下來老人風潮要來了！」的盤算才做這些書。我不斷在尋找做的事有趣、人生有趣的人，找著找著，不知不覺間我的書就變得像「勇健俱樂部[3]」了（笑）。

做這些書時，網路一點屁用都沒有，因為老人們根本沒在用什麼網路，有的人甚至沒有智慧型手機和電子郵件信箱。這也代表，獨立於網路之外的現實社交網路是存在的，而且就存在於我們一同生活的這一個空間。

美食網站「Tabelog」（食べログ）或「GURUNAVI」（ぐるなび）上的飲食店家多到數量難以想像，卻完全沒有卡拉OK小酒館的資訊。因為他們根本不需要其他人自以為是的評價，僅僅吃個一次早午餐就打幾顆星之類的。

我想採訪的老人如果很有名氣也就罷了，但大多都是一點也不有

名的人。這時候能怎麼辦？也就只能以腦袋空空的狀態前往。

有些七、八十歲的人半點名氣也沒有，但一直走在自己相信的道路上。如果想去見那樣的人，帶再貴的伴手禮、遞出知名雜誌的名片、試著跪地磕頭卻懷著「我只是把你們當成笑料啦」的想法，對方還是絕對會看穿的。面對人生經驗比自己豐富數倍的人，做表面工夫也沒有用。如果沒懷著敬意，認為對方在做的事情真的很有趣、很吸引人、很棒，就會被看破手腳。大概會有同行心想：「我就沒被看破手腳。」對方只不過是心知肚明而不說破而已。

去採訪時，我會小心不要「功課做過頭」。當然了，完全不查資料就過去是非常失禮的。來訪問我的寫手當中有不少人會說：你的書我一本也沒讀過，但我常看你的臉書（笑）。

3　NHK生活情報、教育節目，以高齡者為客群。

大多數人都不習慣受訪，上網查也查不到什麼了不起的資訊。我每個月都會見到幾十個人，當中名字有登在維基百科上的，大概每一百個人只會有一個。

當然能查到的事情我都會先查好，但重要的是要將它們再忘掉一次，告訴自己：「要讓不了解這個人的讀者也能進入狀況。」要是自以為資訊都掌握到了，該問的問題就會漏問。

我的目標是，以一般讀者代表而非特定領域狂熱者的身分發問，寫出的報導要讓原本對該主題一無所知的人讀了也會感興趣，會想去那地方看看，想見見那個人。

就以靠維基百科做功課為例吧。網路上的資訊有非常多是錯誤的，如果囫圇吞棗，心想「這件事維基百科上有資料」就刻意不發問，寫出了的報導就只是擴大、再生產某人的錯誤罷了。

還有，不要讓對方覺得你很懂，對方反而會仔細地告訴你許多事情，這樣的案例挺多的。比方說採訪饒舌歌手好了，一般音樂媒體的提問人都會若無其事地

二〇〇～二〇一頁，右起為《巡禮　珍奇日本超老傳》（筑摩文庫，二〇一一年）、《性豪　安田老人回憶錄》（Aspect 出版，二〇〇六年）、《獨居老人Style》（筑摩書房，二〇一三年）、《天國有摻水烈酒的味道　東京小酒館魅酒亂》（廣濟堂出版，二〇一〇年）、《演歌啊　今晚也謝謝你　無人知曉的獨立演歌世界》（平凡出版，二〇一一年）、《東京小酒館邊走邊喝記　媽媽桑，整瓶的來了！》（Million 出版，二〇一一年）

表現出自己也「很懂」，所以會開始聊圈內話題，什麼「這張專輯的概念是什麼」、「選擇這位DJ搭檔有什麼特殊意義」之類的。

這時，如果有個年紀大到可以當他爸的大叔冒出來問音樂雜誌根本不可能問的問題，例如「你小學時是什麼樣的孩子」，對方就會心想，這傢伙什麼都不懂嘛，然後娓娓道來。

我自己受訪時經常碰到的狀況是，提問人打開筆記本，看著「想問的問題」清單一個一個問出來。又不是在做問卷調查（笑）。預先設想對話的發展方向，那麼對話就不會有意料外的發展。那樣應該不會失敗，但也不會有意料外的成功。

訪問某人前先概略地設想希望聊的方向或許是好事，但所謂的「準備」不是假定結果，而是打好地基。啊，那個人有那種意圖，想寫出那種報導——我受訪時，一旦像這樣看破對方手腳，自己說的話也會變無聊。

訪談終究沒有訣竅。對話是雙方好奇心與經驗值撞擊出的火花，所以我想，唯一的王道就是盡可能對許多人事物保有興趣，盡可能去認識多一點人了，別無他法。

第 7 章

你認為出版的未來會如何？

遠離書本，是離到哪去？

如今最有活力的出版形式就屬自費出版或zine了吧。在做的人、表示想做做看的人都多得不得了，我看了就想：說什麼年輕人都遠離書本了啊？現在的中高齡者搞不好還比較遠離書本吧。

汽車業有車展，同樣地，出版界也有書籍的展售會，就是「書展」。日本規模最大的書展是「東京國際書展」，由日本書籍出版協會和日本雜誌協會等單位主辦。二〇一五年的攤位數是四百七十個，基本上日本各地出版社都會參加，不過大家都說辦越久變得越無聊。參加者約有四萬人，但幾乎都是業界相關人士（笑）。

與它形成對照的是「東京藝術書展」（The Tokyo Art Book Fair），與出版業界無關的獨立活動，二〇〇九年開辦，一年變得比一年盛大。起先是以神田的廢校改建成的千代田３３３１為會場，但那裡馬上就顯得過於狹小，現在已移轉至京都造形藝術大學・東北藝術工科大學的外苑校區舉辦，二〇一四年那次人多到動彈不得，整天都擠得水洩不通。

國內外的藝術出版社也會參加藝術書展，不過主角仍是自費出版、zine，或簡單說就是一般人的自製書攤位。後者有趣多了。出版社的書可以在書店或網路上購買，不過許多 zine 你要去了會場才會發現，而且大多時候是直接向作者購買。

對我來說，撥時間去會場發現新書、發現新作者是非常重要的。與其突然寫一封電子郵件或透過社群網站邀訪，還不如去會場跟作者碰面，並在買賣聊天的過程中認識彼此，提出採訪邀約才更會讓對方感興趣。我這次認識的人也多到名片發不夠，書也買了一大堆，買到一半現金不夠還得跑去提款。我是騎腳踏車去的，籃子根本放不下書，著急得要命（笑）。

我在會場外巧遇了認識的攝影雜誌編輯，結果他說：「實在是，頓時變得好無力啊。我們家雜誌讀者都是高齡者，銷量衰退也很嚴重，這邊卻有這麼多年輕讀者在製作、購買攝影刊物。」說到攝影界的重量級雜誌，有《朝日攝影》和《日本攝影》兩本，不過核心讀者應該都是六十歲到七十歲後半的高齡者，裡頭甚至有訂閱五十年的強者，編輯部當然很難打出新企畫，只能一再推出同樣的主題，春天的櫻花、秋天的紅葉，然後就是富士山之類的，在這個數位相機時代還得做「銀鹽底片啊，捲土重來吧！」、「夢想中的徠卡相機」之類的特輯。

換句話說，拍照的人明明在增加，攝影雜誌或攝影集卻賣不動的原因只有一個：內容太無聊了。如今有誰不用智慧型手機拍照？沒有吧？臉書光在日本就有兩千萬名使用者，海外的每月活躍使用者有十五億名，主打照片的 Instagram 在全球共有四億名每月活躍使用者。十九世紀攝影術問世以來，應該沒有哪個時代拍出的照片數量能與今日匹敵。

不只藝術書展，Comic Market 也是「出版極度不景氣」中依舊熱烈轟動的活動吧。我大概只能兩、三年去個一次，不過那裡的自費出版能量還是跟從前一樣旺盛，完全沒有衰退。根據我手邊有的數字，今年（二〇一五年）八月的夏季Comic Market入場人次為五十五萬人，最近似乎有一半的人都是BL系統的（笑）。

也就是說，有幾十萬個人心想：有些書不早點去會賣完，所以一大早就開始排隊，拚命買非專職創作者做的刊物。Comic Market歷史悠久，大家大概已經習慣它這種形象了，但實際場面真的很驚人。

沒去過Comic Market的人也許只會覺得：「那是阿宅的祭典吧。」但並不是所有攤位都只以動漫為主題，另外也有文藝區，找得到詩集、攝影集、遊記等各種類型的作品。我很久以前就偷偷考慮做自製書去擺攤了。從國外來擺攤的創作者一年一年增加，整個活動變得比「東京國際書展」還要國際化。

參展的漫畫家或動畫師當中，有人已不將商業雜誌放在眼裡，靠Comic Market的自費出版品銷售所得過生活，如此案例並不稀奇。商業漫畫業界多是「雜誌稿費跟勞力不成正比，打從一開始就只能指望單行本版稅」的情形。書要是能賣得像《航海王》那麼好就會有可觀的收入，要是賣不了那麼好呢？假如版稅率以百分之十（經常會比這還低）計算好了，定價一千日元的書每賣一本，作者只能拿到一百元，賣一千本十萬元，賣一萬本一百萬元。不過要是委託專門幫人印刷自費出版品的印刷廠，以費用便宜的規格印製作品，然後自行販賣的話，扣除成本後的所有費用都是自己的收入。版稅率不會是百分之百，但銷售所得的一大部分都會是自己的。如果自費出版作品集售價一千元，賣一千本就是一百萬元。如今印刷成本還不斷下降。

再說，在商業雜誌上畫漫畫，編輯經常會提出各種意見，從畫風到編劇都要管，管得很細，但自己畫就完全自由了。不會被說：「你畫得太色了，不能擺在便利商店，給我重畫。」所以說，自費出版雖然不可能鋪一百萬本書到全國各地的書店去，但印量一千本上下的書還是自己印、自己賣才會有比較好的收入，也比較能顧及心理衛生。

電子書也一樣吧。內容全部由自己製作，然後利用 Amazon 等各式線上販售平台的話，自己大概可以拿到銷售所得的一半左右，但日本出版社開出的版稅率幾乎都是百分之十五，明明是電子書啊，真搞不懂為什麼。我甚至懷疑那是出版社串通好的。

好幾年前就開始有所謂的「自掃[1]」風潮，對吧？但有些作家表示「反對店家代為『自掃』」，還提出了訴訟。這些反對派都是淺田次郎、林真理子等暢銷作家，就算不去取締低調自掃的人，書還是賣得很多，版稅還是領得很多啊。

稍早之前還有完全一樣的情況，就是數位音樂下載服務。像 iTunes 這種服務剛出現時，最猛烈反對「可複製音檔」的全是超主流音樂人；可是對銷售成績不好的音樂人來說，讓更多人知道自己作品才是更加重要的，哪怕只有多一個人知道。

說到底，反對盜版的，就只有不必擔心盜版的有錢作家。因此我認為，網路、自掃、自費出版體系、新誕生的技術或媒體基本上是窮人的武器，因為有錢人不需要任何改變。

1 原日文用語為「自炊」，指掃描自己擁有的實體書，製作電子檔。

超素人之亂

比起出版界齊心協力舉辦的書展，東京藝術書展或 Comic Market 這樣的獨立活動還比較興盛。這現象代表什麼呢？簡單說，就是超素人之亂。我二〇〇一年出了本書叫《Local》（ローカル，Aspect 出版），內容是將《ROADSIDE JAPAN 珍奇日本紀行》裡的照片、文章和大竹伸朗的畫做平面設計感十足的混搭。書名取了個副標題「超窮鄉僻壤之亂」，我說的「超素人之亂」就是從那聯想到的。

我不知道出版界這個圈子是什麼時候形成的，不過從古騰堡那時代開始，書籍應該就是專家製作的東西了。一般人不可能因為想做做看書，就隨便買台印刷機，就算真的做了書也無法鋪貨、販賣。親手賣書給朋友也只能消化掉一些庫存吧。還有，印刷這種技術就是要大量印製才會便宜。「限定一百本」的書若換個角度看，就等於是以書籍為形式的版畫。

如今超素人們能夠自費出版、做 zine，能夠依照喜歡的方式呈現喜歡的事物並交到喜歡這些東西的人手中，都是拜數位科技與網路之賜。我認為這是二十世紀末的媒體革命。

我剛在雜誌工作時，別說個人電腦了，連打字機也沒有，稿子完全手寫，拍照是用底片機。以活字排出內文的版，加上照片或圖片進行編排等工作都各有專人負責。照相排版、負責排版的設計師，以及之後的印刷、裝訂、交貨給經銷商、在書店販賣也都是專人的工作。像那樣從上游到下游、由專門工作者完成的流程可說是日本出版界花了長年時間建構的系統。

如今這系統一夕之間產生了戲劇性的變化。以前甚至有擅長解讀字跡潦草原稿的專業照相排版人員，如今幾乎所有文字工作者的稿子都是用文書軟體寫的，設計則使用桌上排版軟體。蘋果、微軟、Adobe 的軟體並不會因販賣國家或地區不同就有功能上的分別，因此全世界的規格皆同。不同人的使用熟練度也許會有差異，但專家來用 Photoshop、Illustrator、InDesign 並不會做出解析度比素人高的設計作品，同一台數位相機交到專業攝影師手中，畫質也不會變好。再說，買不起高價設計軟體的話，其實 Word 或 Excel 就能來拿設計和畫圖了。Adobe 的軟體不會依照各國經濟狀況調整售價，不過開發中國家有大量盜版軟體流到市面上，其實要入手或學習操作都很容易（笑）。

印刷的狀況也相同。在過去，印刷和鋪貨對想要少印量出版的素人而言是一大難關，但現在有的印刷廠提供輸出服務，也有專門幫人印少量自費出版品的印刷公司。如果想徹底DIY製作的話，可以買企業租約期滿而拋售的便宜複合式影印機，一張一張印出內頁，裝訂再交給業者處理即可。也可以用簡易裝訂機或訂書機解決。

我第一次挑戰自費出版是在一九九〇年，做的是大竹伸朗的作品集《Shipyard works》。後來我們又一起做了好幾本作品集，每次都得騎輕型機車載書跑東京的書店，求見採購負責人，問他：「我做了這樣的書，可以在你們店賣嗎？」那是將近二十五年前的事，當時根本無法想像在網路上賣書是怎麼一回事。

有些書店不帶感情地拒絕：「我們家不透過經銷商無法進書。」也有的店會說：「感覺很有趣，來賣吧。」店家的回答未必跟店家規模有正相關。這樣說或許有點誇張，但我認為他們的答案透露了書店的精神。當時拒絕我的店家，我到現在還是很討厭（笑）。寄賣的書賣完後店家會聯絡我，我就再騎輕型機車去補貨。去了還可以跟店員好好聊天。

如今，可以寄賣刊物的線上商店多得不得了，自己要架站加上購物車功能也很簡單……，沒想到這種時代這麼快就來了。不過呢，哎，還是直接帶著商品去店裡跟店員聊天比較開心。因此我現在還是常自己送貨，即使對方說「宅急便寄過來就行了」也照去。收貨的店員都很忙，所以搞不好我這樣是在添麻煩就是了。

不只日本，世界各地的自費出版之所以能興盛到今天這樣的程度，最大的原因一定是「可以靠網路賣書」。

網路普及前，能賣書的地方只有書店。個人根本不可能自己擔任經銷、開設收款帳號、批貨給書店，所以要出書一定要透過出版社。一般而言，大出版社的影響力比小出版社大，也跟比較多書店保持緊密的關係，能鋪貨的店家數比小出版社多。因此大規模、資金雄厚的出版社在各方面都掌握了優勢。

網路的劃時代性就在於消滅這種「規模優勢」，將它化為零。出版社規模、跑書店業務的人數會影響到鋪貨量。世界上有許多以最小人力勉強出版好書的出版社，但他們的業務人數不足，書籍印量也不多，就算想將書鋪到全國各地也辦不到。想買書的人就算向書店訂，什麼時候會到貨也不知道。然而，網路打破了這種經濟權力關係製造的階級。

網路書店的話，不管你是大通路、中小型通路還是個人店鋪，讀者從你那裡看到的都是同樣格式的資訊。不管是什麼樣的書，基本上都以平等條件問世。也就是說，無名的個體戶做的書和大規模出版社的書得以站上同一個擂台了，這是有史以來第一次發生的狀況。若上網搜尋，講談社或新潮社的新書介紹版面不會突然比小出版社大上幾百倍，解析度也不會大上幾百倍。搜尋時跳出來的順位或許會有差別，但作品一旦產生話題性，順位就會不斷提高，哪怕書是小出版社出的或是個人出版的。音樂和影像作品也完全一樣。若在 YouTube 上聽音樂，泰勒絲的新作音量並不會比獨立樂團大好幾百倍，音質也不會好上幾百倍。我認為網路的本質就在這裡。

開始懂得活用網路，從世界各地買自費出版品的機會也增加了。這對我來說，也許算得上是一大變化。在過去，國內外文書專賣店不引進的書就只能去當地買，因此我每次出國都得在書店待很長的時間，回國時一定行李超重；如今有Amazon或出版社、商店的購物網站可利用。現在不只日本的，連美國、歐洲的Amazon或大型連鎖書店的購物網站我都很常用。還不僅如此，作家自己的網站也多了Paypal之類的結帳功能，可向本人直接購買，也越來越多人提供專用平台數位下載電子書服務了。現實生活中不認識的臉書好友發布的相關情報也經常出現在我的動態時報上。如今我們已能簡單地買到國外的出版品，感覺跟挖國內小印量出版品沒兩樣，這種狀況只能用「劃時代」來形容。

還有，最近偷偷觀察非都會地區的書店咖啡館（ブックカフェ）和雜貨店也是一大樂事。當地人做的zine等出版品，往往只能在那類店家找到。他們不透過既有的書店，而是希望在書店咖啡館和雜貨店展售自己的作品。

一旦獲得了以自費出版形式獨力推廣當地文化的能力，大家就不需要東京了。只要待在故鄉，著眼腳下土地，自己把感興趣的事情做成書，然後在自己人之間買賣就行了。東京的出版界再也沒有插手的餘地。因為不身處該地的人，一定查找不到該地「正在發生的事」。

自費出版、電子書、網路銷售等新的書籍形式與販售管道誕生後，出版界應該會面臨莫大的變化。規模優勢只是將起跑點的位置往前推一些，勝負不會由出版社知名度而定，書的內容才是一切。舊有的宣傳、廣告、跨媒體製作（笑）等手法的效果將會越來越弱，第一線的人應該最有感吧。如今「店員選書」受到矚目，同理，沒有比「口耳相傳」更加有力的宣傳了。現下的「口耳相傳」除了真正的「口」之外，還有推特、臉書、LINE、Instagram 等各種「口」。

因此，現在待在第一線的二、三十歲的編輯或出版業相關人士應該要有自覺：你正站在一個關鍵非凡的重要轉捩點上。對大多數出版社而言，做紙本書然後將它電子書化就是一個「全新的挑戰」了，但下一個階段一定會來臨。而且會來得很快。書籍像音樂那樣雲端化的時代是必然的未來。即便你不一本一本買書，也可以利用網路圖書館之類的服務，支付月費讀到飽。利用有線電視收看影集或電影的人應該已經了解其方便性了。在日本的數位雜誌和漫畫的圈子裡，已經有單位開始提供這種服務，我也已經裝了兩、三種iPad用的APP。如此一來，書本也不再需要走上絕版、銷毀等悲哀的末路，而且說到底，市面上百分之九十的書只要看電子書就夠了。

極少數的書你會想當成蒐藏品，實體書只要做這類的留傳後世即可。這樣遠比現在環保，而且就某個角度來看也比較健康。作為實體物件的書籍有壓倒性的存在感，我並不希望它消失，而且它應該也不會消失吧。只不過它會變得像黑膠、錄影帶、DVD那樣存在於媒體形式的邊緣，恐怕是不會復活成為大宗了。

我現在其實有個想法，耗費非常多心思在上頭，那就是獨力將長期缺貨或出版社宣布絕版的舊書推出增補修訂版電子書。電子書跟實體書不同，完全不用擔心「全彩太貴了」、「頁數過多無法裝訂」等問題。如果將解析度調高，一本書的檔案會變得很大，但可以呈現出遠比實體書還美的畫面，連細節都能讓讀者看得一清二楚。包含我在內的許多攝影家已經不會把底片放到燈箱上以放大鏡看，然後在暗房沖洗照片了。以數位相機攝影，然後用電腦螢幕觀看影像已成了我們的標準作業方式。順勢思考下去，你會不會有一個感覺呢？拍照的人與其將四色分解後的圖像平版印刷到紙上，還不如讓讀者透過螢幕看自己平常看到的畫面，這樣一來與他們的連結性還比較強。

第 8 章

為何開始經營網路自媒體？

不是因為想做才去做

我現在的工作重心是放在付費電郵雜誌《ROADSIDERS' weekly》。這雜誌於二〇一二年一月一日上線，每月發送四次，每次都在星期三凌晨五點。運作方式是透過電子郵件發送一萬字（有時超過兩萬字）左右的報導，加上兩百張以上的照片或影片、音檔，報導主題廣泛，藝術、設計、音樂、攝影、旅行、電影、飲食都在範圍內。

網頁設計和發送機制等技術性的部分是委託朋友的網頁製作團隊處理，而文章、照片、音檔、影片等素材全部都是我自己提供的。每期內容的一半到三分之二都是我自己的照片和文章，再加上我受委託連載的稿件內容，統整完畢後進稿給網頁設計師，排版完成後再校對、發送……每個禮拜都要重覆這個流程。

起先是以自己做的報導構成百分之百的內容，不過後來開始請藝術家或寫手開連載或提供單篇文章。我一開始就希望最終能以這樣的形式進行。我並不是希望在網路上創造專屬於我的「作品」，簡單說，只是想用電郵雜誌的形式做「普通的雜誌」。

這業界的攝影師也好，藝術家、寫手也好，有的人做的東西非常有趣，有的人追蹤著有趣的現象，但經常找不到媒體可以發表這些內容。現在的雜誌幾乎都以維持現狀為最高命題，根本不願意報導無名、業餘創作者做的東西。這情形一年比一年嚴重，因此我才有了一個痛切的想法：想做一個平台給他們當宣洩出口，讓他們覺得「如果是在這裡就行得通」。

檢視自己置身的處境會發現，儘管我有長年工作資歷，業界內也還算有人脈，這幾年能讓我寫稿的雜誌還是一再減少著。原本給我四頁篇幅的編輯後來只給兩頁，不久後雜誌本身也消失了（笑）。或許這樣說很怪，但我真心覺得，連我這樣的老鳥都面臨如此處境，那年輕的自由接案編輯、寫手、插畫家、攝影師要怎麼填飽肚子啊？著實令人擔心呢。而且上面的人又遲遲不肯讓位——我說這句話也有自我警惕的意味就是了。

我隨時都有一大堆想採訪、想報導的事情，於是會拚命說明企畫，試圖說服年輕編輯。對方起先說「真有趣呢～」，後來又回「無法取得上司同意，企畫過不了」還算好的，不知不覺間音信全無的狀況更多。就在這幾年，我實在受不了說破嘴零成果的狀態了，最後抵達的單純結論便是：只能自己辦雜誌了。

要是我有幾千萬元的資金，當然會想出紙本雜誌。但那境界離我實在太遙遠了。如今上街碰到法拉利和保時捷，我還是不甘心地想：要是我有一台，雜誌就能創刊了（笑）！

因此我打從一開始就只考慮發網路雜誌。二〇〇九年，我一面尋找可個人經營並以收費制發送內容（才不會做得很吃力）的平台，同時開了一個免付費即可瀏覽內容的網誌「roadside diaries」，想說要先習慣網路文章的寫法。我到現在還沒有刪除上面的內容，想看的人可以去找。

網路這個媒體跟印刷品不同，大家未必是使用個人電腦閱讀上頭的內容，也可能是用平板電腦或智慧型手機。很多人會用小螢幕看，因此我第一個設定的基本規則是寫文章要多分行才會好讀，接著又進行了各種測試，研究圖片和文字該如何搭配才容易閱讀，尋找讓人直接閱讀長篇報導、不用一直按「下一頁」的方法。同一時期，我每個禮拜不斷在部落格上寫文章當作自我訓練，就這樣持續了三年。最大的原因是，我要等待「不需成立公司組織，能以個人名義收受『每月五百、一千日元』左右小額款項」的平台在日本發展到位。到了二〇一二年，我總算推出了週刊電郵雜誌《ROADSIDERS' weekly》。現在由衷感到後悔的是當初沒設定為兩個禮拜發行一次的雙週刊，那樣會輕鬆許多，但已經來不及了（笑）。

要靠網路上的文章獲得收入，首先可以考慮網站瀏覽免費、導入一大堆廣告的方法，要設定成收費閱覽制的話也有網站、部落格等形式可以選擇。最終我決定採電郵雜誌形式，第一個原因是信寄到後點開就能立刻看。

如果是網站或部落格的話，收到「本週已出刊」的電子郵件告知還得點開連結才能閱讀內容，總覺得多點這一下滑鼠是一大障礙。我不要那樣，希望所有內容以一般電子郵件的形式送到讀者手中，一點開報導就跳出來，鏘鏘，所有內容都在那封信中，而且不需要點「下一頁」。我想做的就是那種大長篇「繪卷」型的網路雜誌，所以雜誌名稱甚至曾想取作《SCROLL》，意思就是卷軸。

還有，如果以網站或部落格為平台，要進行相當麻煩的處理才能維持它在個人電腦、平板電腦、智慧型手機等各種載具上的視覺效果統一。逛網站時常看到「手機版由此去」的按鈕吧？但電子郵件就不一樣了，閱讀載具不同的話，單行字數等文字組合會自動產生變化，但內容是相同的。而且不需要電子書的專用閱讀軟體，只要能讀電子郵件即可。我希望做的就是這麼單純的雜誌。

考慮到數位時代的編輯設計，將來大家一定會切換成那種彈性十足的風格，或者說不換也不行。因此我認為電子書閱讀程式那種碰觸畫面邊緣產生的翻頁效果完全是多餘的。為了那種特效，讀者還得載電子書專用軟體，讓檔案讀取速度變慢——竟然不惜做到這地步也要模擬紙本書。為什麼要搞出沒專用軟體就無法閱讀的形式？最大的目的八成是要防止讀者外流吧。

還有一點，電子郵件是最能直接連結寫手與讀者的媒體。電子郵件基本上是「私信」，比較不會有「內容違反部落格服務提供者方針因而遭到刪除」的情況。但谷歌、蘋果、雅虎等免費電子郵件服務的提供者還是會偵測圖片或單字中的「色情成份」，擅自將我的信判定為垃圾郵件，拒絕寄送。哎，不過內容的自由度還是很高啦。

現在市面上有各種電郵雜誌，也許有人同時訂閱好幾種吧。它們幾乎都是以文章為主體，頂多在一個個空檔中插入幾張圖片。

如果想要做那樣的雜誌，就不需要從零開始建構自己的系統了。目前已有好幾家公司提供電郵雜誌平台，利用它們就能輕鬆創辦自己的雜誌。你只需要寫好稿子送過去，配送和收費都交給平台處理即可。

我起先也考慮過使用現有系統，但可放的圖片數就是不夠。我要放的不是十張，而是一百張！但世界上沒有任何電郵雜誌平台可以實現我的野心，最終還是只能自己租伺服器，從零開始打造配送系統。非常費工夫，但也因此成就了別處看不到的內容。

不只電郵雜誌，只要部落格和網站文章稍微長一點就會出現「下一頁」按鈕。看了就煩的應該不只我一個人吧？就技術而言，根本沒有換頁的必要，那樣安排的主要目的只是為了賺點擊數、增加聯盟行銷廣告收入。網頁設計教科書解釋說那是要維持「易讀的資訊量」，根本一點說服力也沒有。

紙本雜誌、書籍會有重量、厚度等份量感，一眼就看得出「自己讀到哪了」、「還有多少待讀」。

電子媒體就無法給人直覺性的份量感，頂多標出頁數或告知「還要多久才能看完」。

不過《ROADSIDERS' weekly》每一期都長得簡直異常，而且像是不分頁的數位卷軸，從上方一~直拉到最下面就能讀完。不過經常有人說，怎麼往下拉都拉不到盡頭（笑）。最近期數的內容實在太長了，有的 3C 產品無法顯示，我不得不分成前篇、後篇，有時甚至會分成三次發送。

拉動頁面時，畫面邊緣的卷軸會跳出來，並隨著閱讀過程往下移動。如果一個頁面非常長、檔案很大，再怎麼讀卷軸都不會有什麼移動。因此做雜誌的過程中，我發現電子媒體上的「份量感」是以卷軸顯現出來的。讀了又讀，讀了又讀，卻發現：「啥，還有這麼多！」這正是卷軸能給人的實際感受，因此將報導分頁是行不通的。

電郵雜誌還有幾個優勢。比方說紙本雜誌一旦出了新一期，更早之前的就只能去二手書店找。電子郵件若不刪除，隨時可以讀。就算刪掉了，訂戶只要上專門網站就能免費瀏覽過去所有期數。資料庫內已經收集了六百期以上，也能依類型搜尋，要將所有報導讀完應該相當耗時。你不需要將好幾百本舊期數雜誌堆在地上，也不需要剪下頁面歸檔。形式是電子郵件，所以全部的內容都沒有防複製（想建立這種機制也沒辦法），讀者要挑出喜歡的文字、圖片複製存放到其他地方或轉發給其他人也很簡單。

我打從一開始就在《ROADSIDERS’ weekly》提倡「要複製內容儘管放馬過來」，不採取任何保護措施。要引進防複製系統相當花錢，而且更重要的是，我不希望這雜誌失去自由度，這也是選擇電子郵件形式的原因之一。

之前在聊數位音樂下載時有稍微聊到防複製這件事。不過大家要先有個概念，我做的東西不是「作品」，而是「報導」。與其嚴密保護報導作者（而且作者就是我啊）的權利，不如盡量讓資訊擴散，讓更多人知道這些事，哪怕只多一、兩個。寫那些事、拍那些照就是我的職責。最近有越來越多展覽或演出現場表明「允許個人用途的攝影」，與其說美術館和藝廊的觀念產生革新，更可能的原因是主辦方明白了一個事實：讓客人用智慧型手機盡情拍照，上傳到社群網站上（「這展真有趣」）擴散情報比什麼宣傳都還有集客效果。如今不管採用多嚴密的防複製機制也沒意義了，一般人可以擷取螢幕畫面或翻拍照片、影片。我不禁認為，數位時代的「防護」在本質上是一種違反潮流的技術。

而且更重要的是，發布報導的速度很快。可以趁情報仍有生命力時送到世人手中。如果是紙本雜誌的話，截稿日再怎麼拚也得訂在上市的幾個禮拜到一個月前，報紙的文化相關版面最晚也得在一個禮拜前截稿。而《ROADSIDERS' weekly》在星期三凌晨五點發刊，圖文素材只要禮拜一拿得到就能不慌不忙地刊出來，真的很緊急的話星期二晚上也還來得及！

正因為如此即時，我可以實際去看某個有趣的展覽、拍照會場照片、訪問創作者，寫成報導後在展期內就發送出去。不管是哪一家美術雜誌，頂多只能做展覽預告或回顧報導，除非展期真的相當長，才能做即時報導。因此電郵雜誌的「物件價值」雖然不如裝幀豪華、時尚感十足的雜誌，卻擁有瞬間爆發力。「持有」它不會開心，但它充分具備「報導」所需的即時性。

因此，我現在都快六十歲了，還是過著每個禮拜被截稿日追趕的生活，去任何地方都帶著筆電，零星寫稿時間都不肯浪費。二十歲左右開始工作至今將近四十年，現在絕對是職業生涯最忙的時期。我已經沒有熬夜的體力了，說辛苦確實辛苦，但並沒有壓力。

有了想做的事，然後努力去實現——這是正向的辛勞，並不會那麼難熬。「明明不想做卻非做不可」時感受到的內心負擔才是所謂的壓力。

我這年紀的人如果待在出版業，很多都已經變成企業幹部或總編了。然而，總編這個頭銜雖然很了不起，現實中往往是最無聊的職位。

因為跑第一線的人永遠是部下或公司外的接案者，自己就只是在公司內等稿子而已，還有跟業務部、廣告主等人開會。也許有人做這些會感受到人生價值，但「覺得採訪很有趣才成為編輯」的人一定會感到乏味，下屬不照自己想法行動就雞蛋裡挑骨頭。

編輯這份工作的醍醐味是自己去採訪、發現新事物、認識新的人，沒別的了。因此我想繼續靠自己的腳步前進，發現新事物，只要還走得動就要一直走下去。打造這個媒體只是想讓自己永遠都能前往第一線。

何謂產地直銷媒體？

有個說法是，每個人的人生至少都有個一次「轉機」。照這樣看，我第一個轉機應該是製作《日常東京 TOKYO STYLE》的時候吧。我買了相機開始拍攝狹窄的房間，漸漸得以著眼於普通生活的好，看得出其中優秀的部分。這跟做雜誌追著流行最前端跑的觀點完全不同，所以我的視野也變寬廣了。而我認為接著來臨的第二轉機，就是電郵雜誌的創辦。

首先改變的是金錢收支。以前我都是靠雜誌稿費或書籍版稅生活，採訪花費幾乎每次都是由出版社負擔。創立電郵雜誌後，再也不是某家公司支付稿費給我，而是訂戶直接向我買文章或照片……或者說「買資訊」比較準確。

《ROADSIDERS' weekly》每月發送四次，訂閱費用是每個月一千日元。我向訂戶拿錢，然後代替他們去某處、見某人，寫成報導這種形式的資訊後再回饋給訂戶。訂戶覺得有趣就會繼續訂購，我再拿他們支付的錢去別的地方。這可說是「產地直送」的形式，寫手和讀者之間完全沒有任何中介、直截了當的媒體。因此對我來說，電郵雜誌的訂戶與其說是過去那種「讀者」，感覺還比較像「贊助者」、「陪跑員」。

透過社群網站能看到讀者真實回饋，這點影響也很大。每天都接觸到各種心聲：報導太長了讀不完；色色的照片太多了，無法在電車上讀，因此退訂了；考慮兩年，總算決定要訂閱了；我看了那篇報導介紹的展覽！在紙本雜誌寫稿的時代，我只能看連載內容集結成的單行本銷量，去判斷讀者對我文章的共鳴程度。雜誌就算大賣，也無從得知功勞該歸給我的文章還是刊頭裸體照（八成是後者）。

換句話說，如果賣不起來就沒有藉口。紙媒時代，雜誌賣不好還能辯解。不是自己的報導害的，是特輯太俗氣了。然而，一旦經營如此貫徹個人性的媒體，訂戶減少的原因必然出在自己身上。訂戶數與銷售額相等，狀況非常嚴苛，但寫手與讀者間「一對一」的感覺是紙媒時代完全比不上的。這就像原本透過農業協會賣蔬菜的農家以產地直銷為目標，開始在網路上或路邊攤販賣作物，誰買的、他們用什麼眼光看待產品，賣家都會深切地感受到。對創作者而言，沒什麼動力比這更大了。

東西有趣的話，讀者就會留言指出哪裡有趣，出錯立刻會有人挑出來。不管在哪個領域，一定會有比寫手還要懂的讀者，但媒體和讀者距離一拉遠便會無感。一個月後收到「讀者感想回函」，讀了大概也不會有什麼感觸，但電郵雜誌的話，發送後的幾個小時內臉書或推特就會出現讀者的反應了。

《ROADSIDERS' weekly》的訂戶當中，有許多人旅行經歷比我豐富、精通各種領域，但大多數人都為了一天又一天的生活汲汲營營。看到什麼覺得很有趣也不能告訴自己：「那明天就去看看吧！」有感興趣的人也不至於想特地向他搭話。我只是收下名目為訂購費用的金錢，代替大家去完成這些事情罷了。

最近我深切地想，專家就是這麼一回事吧。比方說，只要是人都會在意「自己為何而生」、「死後會如何」，但如果每天不斷思考那些的話根本無法工作。因此哲學家會花一生的時間代替那些人思考問題，然後整理想法成書，請大家買回去讀。有人代替大家深思，有人代替大家遠行，有人窮究美食……而酬勞酬謝的正是他們這些勞動。開始做電郵雜誌後，這個感覺變得非常強烈。

將發表報導的平台從紙媒轉移到網路上有什麼差別？我想了想，覺得「沒有量的限制」應該是最大的差別。

要在雜誌上寫一頁報導，得先考慮字數一千五百字、照片三張等篇幅問題。篇幅事前已決定，所以如何統整內容就變成了工作要點。然而，網路媒體基本上沒有篇幅限制，要寫一千五百字或一萬五千字都沒差，不會有頁數增加、印刷費加碼的問題。勝負關鍵不再是「統整的功力」，而是「能拋出多少東西」。而且不只文字和圖片，還能放音檔或動畫。對始終在紙媒上工作的人而言，這是相當新鮮的刺激。

經常有人說，寫文章要考慮起承轉合。也就是如何起頭，如何展開並連結到結論，好完成一篇文章。

寫小說、散文之類的文字作品若沒有「起承轉合」會很難寫，但我寫的是「報導」，不是「作品」。文章稍微有點完成度比較好，但塞在裡頭的資訊的質量才是更為重要的。因此，我開始在網路平台上寫文章後，留意的部分不再是「統整得如何」，而是「有沒有辦法將我看來、聽來的事情正確、毫無疏漏地傳達給讀者」。

書有雜誌、單行本、文庫本等制式規格，但網路平台的內容會依讀者使用的電腦、智慧型手機等載具自動產生不同格式，這是相當重要的差異。螢幕大小不同，單行文字數也不同，下載閱讀或線上串流閱讀的速度也不同。網路平台對應的閱讀環境如此多樣，真的有「適當文字量」這種基準嗎？我不知道。也許有人會認為「在網路平台上也算易讀的字數是〇〇〇」，但我覺得這種事沒人能說個準。

不只文章寫法，我覺得照片拍法也變了。從前做兩頁報導，我會有「主要照片一張，說明用照片三張」等設想，因此我會在有限的張數內盡量多傳達一點資訊。也就是說，主要照片我會費心多拍一點東西。

然而，一篇報導能放的照片若不是四張，而是一百張的話會如何呢？要考慮的不再是「哪張照片當視覺重心」，而是要盡可能從各種角度拍被攝體，呈現各種細節，以它們的集合創造一個形象，這趨勢會漸漸形成。如手機那麼小的螢幕也非得能恰當顯示不可，但網路內容的格式又不能像實體雜誌那樣設定圖片在頁面上顯示的大小。因此，與其拍一張決定性的照片，還不如累積各種角度下的畫面，創造一個全體。嗯，可說是立體派的結構吧。

我最近的書有不少是先在網路連載才集結出版，比方說《獨居老人STYLE》是在筑摩書房營運的網路雜誌上，《天國有摻水烈酒的味道　東京小酒館魅酒亂》則與廣濟堂出版的編輯搭檔，在我的部落格上連載。兩本都是以極長無比的訪問為中心寫成的報導，如果原本是在紙本雜誌上連載，內容應該會變得大相逕庭。

就算訪問好幾個小時，聽了許多有趣的事，還是得為了紙媒上的文章長度限制做取捨，統整成自己的文章。但我認為，有些人或場所的趣味得透過細節的累積才能呈現出來，例如慣有的說話方式、偏離主軸的談話內容等等。如果在自己的文章裡寫說「有這麼一個人，他的生活態度饒富興味……」，那只會寫成一個「有點棒的故事」，但要是連對話內容和對方語調都直接再現，就能傳達出一個人的深度面向或場地的氣氛。但這同時也會直接導向「長過頭，無法輕易讀完」的形式就是了。

這是網路獨有的特性，而網路跟紙媒並沒有優劣之分，我們只能慢慢尋求兩者各自的妥善運用方式了。不為自己的電郵雜誌，而是寫別人發給我的案子時，我得思考不一樣的運用手法、書寫方式、拍照方式，實際操作起來有時也相當困難。

點擊數是妖魔

如前所述，針對讀者的「市場調查」我一次也沒做過。做《ROADSIDERS' weekly》時，我從沒希望「所有訂戶都會喜歡所有報導」。

任何雜誌的書末都有「讀者投書」之類的頁面對吧？那真的很噁心，跟電台節目的「我總是聽得很開心！來自『黎明的咖啡』先生」沒兩樣。

首先，讓讀者知道自己受誇獎是一件很丟臉的事吧。《BRUTUS》創刊時甚至把讀者投書頁面整個拿掉了。再說，說雜誌「好有趣」的評語大多寫在抽獎明信片上（笑）。

如果有人在臉書或推特上說「很有趣」，我看了會很開心，但不會因此多增加該類報導。我當然也不會做讀者問卷。

大眾媒體總是愛做某某問卷調查，但藉此測量到的「自己與讀者間的距離」並不真實吧。一言以蔽之，問券就是取平均值、做表決。根據數量最多的意見製作下一次的報導或節目，但最多人感興趣的必定是最無聊的事。我的報導是為了表決落敗的那方做的。

電郵雜誌每年都會舉辦一、兩次「網友聚會」，不只辦在東京，偶爾也辦在大阪，熱情洋溢的訂戶會遠道而來參加，光是一起喝酒就開心得不得了了。不過有次某讀者對我說：「如果有在臉書寫大長篇回文的閒工夫，還不如拿那時間來深讀報導。」我大吃一驚。

網路行銷業界以點擊數或按讚數認定網站的成敗。但據經驗來看，這種判斷一點也不準確。他們只是沒有其他材料可供判斷了，就像電視業界只有收視率這個準則。

《ROADSIDERS' weekly》的臉書每個禮拜都會告知讀者當期有什麼報導，嗯，感覺就像數位版的電車車廂廣告。有的報導會有超過一百人分享，按讚數有時會有數千，甚至遠超過一萬，底下的回應卻不會越來越多。

起初我不懂原因，也不知該如何是好。我幾乎每週都在編輯後記寫：「等待各位發表感想。」卻完全不會有人回應。不過我後來漸漸懂了，在臉書或推特轉文的人未必是認真的讀者。

當然，轉文者和認真讀者之間是有重疊的，但真正讀得很仔細的人大多少話，或者說只會靜靜地讀。這點，最近我總算開始有切身體會了。經常有個情況是這樣的（笑），某某說「我固定會讀你的東西！」，我回「你有訂閱啊，感謝你」，對方卻笑瞇瞇地說：「不是，我固定會看你的臉書！」就像轉推展覽、活動訊息還補一句「這非去不可」的人，大多都不會去。因此，靠點擊數或按讚數思考行銷布局真的是搞錯方向了。

聽認識的網路平台編輯說，網路文章的決勝點似乎是「第一頁對讀者的吸引力」。明明沒多長卻分成好幾頁的文章很常見，但大多讀者只看第一頁就滿足了，會點進第二頁的人少很多，因此撰稿人會特別注重第一頁的文字。

聽他這麼一說，我確實覺得網路文章從一開頭就很像懶人包，或者說所有內容都塞在「起承轉合」的「起」了。為了賺取點擊數將文章分成很多頁，結果導致一個惡性循環，就是讀者不願再細讀長文。這等於是本末倒置，或者說，表面上「閱覽數」增加了，但讀者的滿足度並無法反映在數字上。

因此，網路雜誌或電郵雜誌都不該在意點擊數，目標只能放在「寫出讀者會讀到最後的文章」。相信自己只要持續跑下去，有熱情的讀者就會默默跟上，儘管數字不會反映出來。哎，除了相信還能怎樣呢（笑）。

窮人的武器

前面提到，我找了各種人在《ROADSIDERS' weekly》連載或提供單篇文章，不過那些撰稿人並非全都是專業寫手或藝術家。有人的正職是工廠工人，有的是酒館的老闆，各種角色都有。以拍照、寫部落格當興趣，第一次接邀稿的人也許占多數。

比方說，其中一個長期連載「稻草人X」（案山子X）的內容是全國各地（鄉下）的稻草人祭典巡禮，田野調查非常辛苦，而執筆者ai7n的本業是網頁設計師，一面打工維持生計一面畫情色怪誕（エログロ）系的漫畫，不知不覺間對稻草人有了強烈的興趣。為了能夠在鄉下到處繞，她考了輕型機車駕照，買了本田的 Super Cub，然後靠打工存到旅費就滿載行李四處探訪稻草人祭典，這樣的生活已過了好幾年。以大阪為根據地，足跡遍布到北海道和鹿兒島！

連載時間差不多長的「田野之聲」（フィールドノオト）是以小錄音機錄下各種場所的「聲音」，搭上照片或短文組合成街坊的聲音紀錄，或者說「聲音地景」。一面看照片和文章一面品味聲音，這正是靠網路平台才能成立的企畫。執筆者畠中勝在新宿黃金街經營一家叫「南丁格爾」的古怪酒吧，全身都是刺青。

ai7n 和畠中都只是把稻草人和田野錄音當作興趣，應該沒想過要當成工作。但聽他們聊那些實在太有趣了，我懷著「哎，文章就靠我來幫他們修得好一點吧」的心情邀稿，結果收到的稿子一點問題也沒有，每次都直接刊出。

沒人正式學過文章的寫法，也沒人學過拍照或錄音，只是因為很感興趣才動手。說到底，比起技能的累積，好奇心的強度重要太多了。

由於社群網站或部落格、架站工具的普及，現在誰都不會怕寫文章、拍照了。品質先不提，不過基本上，非專家就寫不了的文章或拍不了的照片是不存在的。

前面提到我是在底片機時代開始拍照，非學不可的事情非常多，但數位相機一舉毀壞了「高門檻」。總之先買台相機，設定 P 模式，這樣誰都能拍出一定程度的照片。只要購買 Photoshop 之類的軟體，輕微的失敗也都能修正。設計也一樣，以前想當平面設計師得學習各種技能，如今 Illustrator 或 InDesign 全部都會幫我們處理好。哎，全都是 Adobe 製這點令人很不甘心倒是。

於是缺點出現了，那就是誰來做東西都會很像，而且並不是靠電腦就能簡單做出傑作。不過，入門的門檻變低許多。入門後學問的博大精深，從過去到現在都不曾改變。

技術進步代表的是，學習技術的時間縮短、創作表現的門檻拉低了。從前是靠「跟某某老師修行了幾年」決勝，如今不同了，只有感性與行動力是關鍵。因此，非靠感性而是靠經驗值活到今天的資深專家將會越來越難熬。

有個道理永遠都不會改變：科技對一無所有者是力量，對守成者是威脅。過去，專家與業餘人士的差異首先在於作品完成度的高低，成品「有高度」或者「拙劣」決定你的身分。如今，任何人剛起步的作品都會具備一定程度的品質，勝負只在於接下來要怎麼發展、翻轉。科技一口氣將「拙劣」者的起跑點推進了許多。

話說得極端點，繪畫也是一樣，以前想畫油畫一定要下工夫習得一定程度的技術，也得花錢購買畫材。如今靠智慧型手機或平板電腦的畫圖軟體就能畫出厲害的油畫筆觸和水彩畫筆觸。

只不過，「能畫」跟「畫得出東西」是不一樣的。起跑後的辛苦跟過往沒有差別。就是因為這樣，創作表現才會如此有趣吧。要做出別人做不出的東西永遠都是困難的，只不過要站到起跑點上比從前容易多了。我認為這是非常重大的一件事。與此同時，越變越困難的不再是站到跟其他人不同的起跑點或精通科技，而是將之捨棄。比方說，數位相機的進步與方便的修圖軟體出現後，要拍出骯髒感的照片反而變得很辛苦；由於打字切換很進步，越外行的人越是會在文章中使用艱澀的漢字。

儘管在這樣的時代，「專家還是非得做業餘人士做不到的事」。我這個專業編輯、攝影家真的做得到嗎？老實說我不知道，也沒有自信。我現在能做的不是「業餘人士做不到的事」，不過是「業餘人士交不出的量」。真的就是這樣而已。

代結語——進入「無流行」的時代

我從幾年前開始就持續採訪日本嘻哈場景，發現凌晨兩、三點的 live house 不時會擠到水泄不通。不只這股能量，還有一個事實叫我吃驚：嘻哈擁護者並非一小撮人，而有這麼多。

不過這種音樂絕對不會進入 Oricon 排行榜，榜上暢銷前十名永遠由 AKB48、EXILE、傑尼斯團體包辦。它也不會在電視音樂節目登場。我從那時深切體悟到，音樂業界想要我們聽、我們買的音樂跟我們想要的音樂有決定性的斷層。

不只音樂業界，我想美術、建築、時尚界也完全相同。身為媒體扛轎者的編輯當中，應該有不少人為這斷層感到痛苦吧。

比方說和建築雜誌編輯一起喝酒好了，對方把「安藤忠雄過氣了對吧」掛在嘴邊，但他會在自己的雜誌上做「再見了安藤忠雄」特輯嗎？絕對不會。根本不會買高級時裝的編輯在雜誌上寫「與高級服飾一同生活的喜悅」專題。如果像那樣偽裝可以賺年薪一億日元就算了，大多數編輯部總是給極低的薪水，還得超長時間勞動。換算成時薪的話，有的人去便利商店打工還賺比較多。

喜歡好衣服不是什麼怪事。假設有人看到無論如何都想擁有的外套，心一橫買下來，他大概會思考平常穿的UNIQLO的牛仔褲如何搭配外套，或如何搭上喜歡的T恤吧。思考這種穿搭就是時尚的醍醐味。

然而，現在的時尚雜誌幾乎都不會刊出那種穿搭，每篇報導或每頁上的照片拍的包準是從頭到腳同一品牌配件的穿搭。我不知道是從什麼開始變成這樣的。品牌的強力要求與編輯方的自願設限相輔相成，在很久以前就導致如此狀況了。那已不叫穿搭，跟目錄、店家櫥窗沒兩樣了。造型師已不是思考獨門穿搭的人，而是負責跟品牌與雜誌聯繫的窗口。那也許是時尚雜誌任務終結的瞬間吧。就像百貨公司的時裝樓層的使命也完結了，它已變得像房地產公司，只會把樓層隔成幾個空間租給不同品牌。

現在還有人在意「本季巴黎時裝秀的潮流」和「今年的流行色」嗎？只有一小部分的評論家會關心吧。我們有新衣，有舊衣，有昂貴的衣服，有便宜的衣服。將各種時代感和各種等級的衣服搭配起來（即按照自己的方式混搭）才是現今時尚的基本感覺吧。我穿的可是本季某設計師設計款、價格大約這麼貴的衣服喔——清楚散發出這種氣場的穿搭，任何人都會覺得刺眼。醞釀出「我不太在意什麼流行」的氣質反而比較帥氣。

請各位想想音樂。過去每個時代、每個世代都有流行的樂種，例如龐克、新浪漫（New Romantic）、鐵克諾（Techno）等等當時「不聽就很俗氣」的流行樂。不過現在的音樂場景沒有決定性的風潮，一個也沒有。反而是自成一派地盡可能廣泛雜食、從噪音到歌謠曲都聽的人才是大家心目中的音樂愛好者。

當代藝術也一樣。有物派、新繪畫、模擬主義……但現在最風行的「主義」是什麼？根本沒有。

定義這時代的是什麼呢？應該就是我們已進入「無潮流時代」的事實吧。這應該是當代史上第一次發生的狀況。

過去有所謂的資訊階級差異。專家可以在巴黎時裝秀、紐約的夜店、倫敦的美術館獲得一般人無法入手的資訊，他們只要加以推廣，「專家」這門生意就做得起來。這都是因為長久存在的時差：東京的製造商要花一年的時間吸收巴黎時裝秀的潮流，而擴散到非都會地區還要再一年。

網路改變了一切。音樂人與聽眾可透過社群網站直接往來，世界的任何一個角落都可以同時互相分享圖片、影片、音檔，互相參與。不管你人在日本哪個角落，只要按一下按鈕，Amazon的箱子都會寄達。「東京」與「非都會地區」的時差，「專家」與「一般人」之間的時差都不存在了。

在這樣的時代，我們已經不需要媒體告知潮流。媒體能夠以特權收集資訊、傳播「流行」的時代已經結束了，既有媒體內的工作者也許最明白這點吧。

面對關鍵至極的狀況，最想閉起眼睛混過去的就是電視台，嘴上說環保、至今還是印個幾百萬份拼印量的大報社，黑色惡意集合體般的週刊雜誌……過去應該最能掌握風潮的媒體，如今卻最落伍。真是諷刺的現實。

我已過了將近四十年的編輯生活，現今是身體方面最辛苦的時期，不過從編輯工作趣味度的角度來看，現今是最刺激的時期。能在將近六十歲的節骨眼勉強趕上這刺激盛宴，實在太開心了。

畫：東陽片岡

〔圖書館出版品預行編目(CIP)資料〕

圈外編輯 / 都築響一作；黃鴻硯譯. -- 二版. -- 臺北市：臉譜出版，城邦文化事業股份有限公司出版：英屬蓋曼群島商家庭傳媒股份有限公司城邦分公司發行，2023.07
面； 公分. --(臉譜書房；FS0091X)
譯自：圏外編集者
ISBN 978-626-315-314-1(平裝)

1. 編輯 2. 出版業 487.73 112007713

臉譜書房 FS0091X

圈外編輯

作　　者　都築響一
譯　　者　黃鴻硯
編輯總監　劉麗真
責任編輯　謝至平（一版）、郭淳與（二版）
行銷企劃　陳彩玉、林詩玟
封面設計　廖　韡
內頁排版　漾格科技股份有限公司

發 行 人　涂玉雲
出　　版　臉譜出版
城邦文化事業股份有限公司
臺北市中山區民生東路二段一四一號五樓
電話：886-2-25007696　傳真：886-2-25001952

發　　行　英屬蓋曼群島商家庭傳媒股份有限公司城邦分公司
臺北市中山區民生東路二段一四一號十一樓
服務專線：02-25007718；25007719
二十四小時傳真專線：02-25001990；25001991
服務時間：週一至週五上午 09:30-12:00；下午 13:30-17:00
劃撥帳號：19863813　戶名：書虫股份有限公司
讀者服務信箱：service@readingclub.com.tw
城邦網址：http://www.cite.com.tw

香港發行所　城邦（香港）出版集團有限公司
香港灣仔駱克道一九三號東超商業中心一樓
電話：852-25086231　傳真：852-25789337

新馬發行所　城邦（新、馬）出版集團
Cite（M）Sdn. Bhd.（458372U）
41, Jalan Radin Anum, Bandar Baru Sri Petaling,
57000 Kuala Lumpur, Malaysia.
電話：+(603)-90563833　傳真：+(603)-90576622
電子信箱：services@cite.my

一版一刷　二〇一八年七月
二版一刷　二〇二三年七月
I S B N　978-626-315-314-1（紙本書）
E I S B N　978-626-315-351-6（EPUB）

定　　價　四百二十元
（本書如有缺頁、破損、倒裝，請寄回更換）

KENGAI HENSYUSHA by KYOICHI TSUZUKI
Photographs by YUKIKO TANAKA and KYOICHI TSUZUKI

Originally published in Japan in 2015 by ASAHI PRESS Co., Ltd.
Traditional Chinese translation copyright © 2023 by Faces Publications, A Division of Cité Publishing Ltd.
Traditional Chinese translation rights arranged with ASAHI PRESS Co., Ltd. through AMANN CO., LTD.

『圈外編集者』©都築響一　朝日出版社刊 2015
写真：田中由起子
　都築響一（13,46 頁）